博美犬的快樂飼養法

犬種別

為了一起快樂生活
而編寫的實用入門手冊

Pomeranian

編著◎愛犬之友編輯部
譯者◎彭春美

漢欣文化事業有限公司
Han Shin Cultural Enterprise Co., Ltd.

有拍得
美美的嗎？

今天有點兒
睏欸……

TRICK OR TREAT?
JACK O'LANTERN
好舒服的
風呢！

Pomeranian

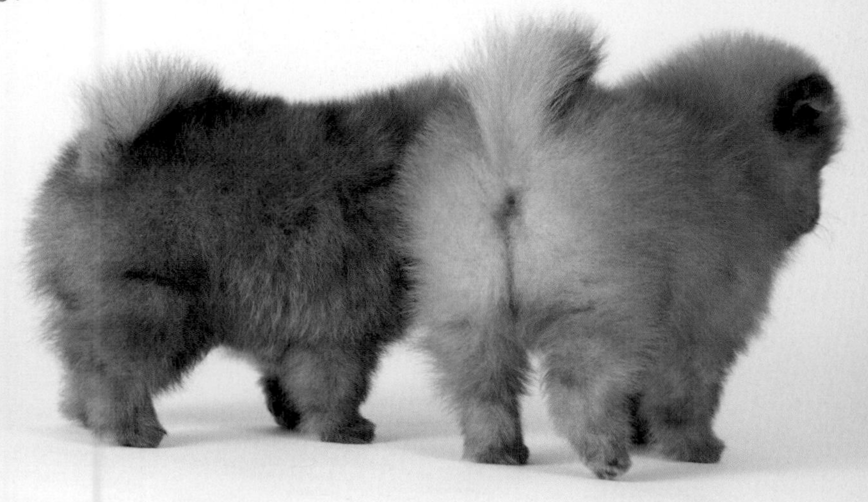

CONTENTS

1 探索博美犬的魅力

2 帶幼犬回家

CONTENTS

7 12個月的健康和生活

8 疾病和受傷

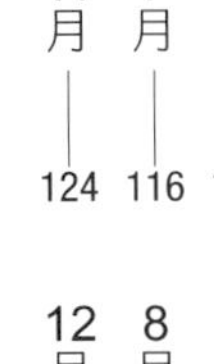

攝影協助：蒲地尚子（狗兒：卯依、柚嬉）
井原絢子（狗兒：Rolling）
渡辺倫江（狗兒：宝）
広比瑞枝（狗兒：盧貝）
Royal grace

健康檢查MEMO

記錄愛犬的健康檢查，有助於每天的健康管理。如果可以從平日就做記錄，緊急時刻在動物醫院說明健康狀態時就能派上用場。

名字 ______ **年齡** ______ **公犬・母犬**	
體重 ______ kg **避孕・去勢** □ 有（ ______ 歲） □ 沒有	
飲食 1次的量 ______ g ／1天 ______ 回	
零食 種類 ______ 1次的量 ______ g ／1天 ______ 次	
保健食品 □ 給與 種類 ______ ／□ 不給與	
預防接種	
接種日 ______ 年 ______ 月 ______ 日（疫苗種類 ______ ）	
心絲蟲預防藥物 投藥日 ______ 年 ______ 月 ______ 日	
跳蚤・蟎蟲預防藥物 投藥日 ______ 年 ______ 月 ______ 日	
過去的疾病・傷害 ______	
現在治療中的疾病・傷害 ______	
現在給與的藥物 ______	
身體狀況管理	
食欲 □ 有 □ 沒有	
水的攝取量 □ 多 □ 少（有變化時的情況 ______ ）	
運動量 □ 沒有變化 □ 增加 □ 減少（有變化時的情況 ______ ）	
排泄 □ 沒有變化 □ 下痢（糞便的狀態 ______ ・何時開始 ______ ）	
排尿 □ 沒有變化 □ 增加 □ 減少（尿液的狀態 ______ ・何時開始 ______ ）	
嘔吐 □ 有 □ 沒有	
其他出現變化的部位・情況 ______	

1

探索博美犬的魅力

毛茸茸的樣子和親近人的性格，讓博美犬成為大家喜愛的犬種。現在，就來試著探索此犬種的魅力來源吧！

博美犬是怎樣的狗？

因為可愛的外貌和毛茸茸的模樣而受人喜愛的小型犬

擁有惹人憐愛的外貌，卻是活潑好動的犬種

蓬鬆柔軟的毛流、又圓又大的眼睛、纖細的手腳和超萌的動作……博美犬因為可愛的外貌，不管在哪個時代，都是有一定人氣的犬種。

擁有惹人憐愛的外貌，很容易讓人以為博美犬個性溫和，其實牠是活潑好動的犬種。背景方面，牠有令人意外的歷史。博美犬的遠祖是繼承北方狐狸犬血統的薩摩耶犬——拉雪橇的大型作業犬。經過一再的品種改良後，成為完全不同的犬種，但是內在仍然保留著雪橇犬的活潑性格。

因此，像絨毛娃娃般地對待牠，可能會讓博美犬的魅力減半。還是拿玩具給牠玩，或是帶牠出去享受散步的樂趣吧！

愛撒嬌的孩子，也有容易依賴人的一面

博美犬好奇心旺盛，對人基本上是友善的，加上有非常喜歡被抱和撫摸的愛撒嬌一面，對於想逗弄愛犬的飼主來說，是最適合飼養的犬種了。

相反地，也有一些是比較容易依賴人的，如果沒有好好培養牠的獨立心，可能會變成分離焦慮症。逗弄上，應該要有節制。

另外，博美犬因為有雪橇犬的活潑性格，表現在外的或許是個性開朗，但也或許是神經質，因而可能出現吠叫的問題。例如：對於各種聲音反應敏感而吠叫，或是對周遭的犬隻和人吠叫。

雖然博美犬是活潑又勇敢的犬種，但其中也不乏敏感、膽小的。最好從幼犬時開始進行社會化，讓牠習慣種種事物。博美犬非常聰明，如果能夠有效地進行社會化，就會成為飼主的美好伴侶。

被毛的整理是不可缺的

博美犬的魅力之一，就是牠華麗的毛流，有如會動的毛球一般，姿態極其可愛。

想要維持美麗的毛流，就必須經常性地梳毛和修剪。如果怠於梳毛，就會形成毛球，進而可能導致皮膚病。為了寶貝愛犬的健康，勤於幫牠整理是不能少的。

最近，也流行將博美犬的被毛剪短得像柴犬一樣。雖然很可愛，但必須注意的是，博美犬的被毛如果剪得過短，要花很長的時間才能再長好。而且，也聽說過剪毛之後，被毛就不再生長的例子。因此在剪毛之前，最好仔細作過考慮。

博美犬的魅力

- 可愛的外貌。
- 好奇心旺盛。
- 活潑愛玩。
- 喜歡人、友善。
- 愛撒嬌，最喜歡飼主了。

骨骼纖細，注意骨折・脫臼

博美犬是小型犬，骨骼非常纖細，所以最要緊的是注意骨折問題。曾經發生只是從沙發上跳下來，或是在地板上滑跤，就骨折的案例。膝蓋骨脫臼、髖關節發育不全等更是時有耳聞。

想要預防以上問題，避免肥胖是一定要的，因為博美犬活潑又愛吃，飼主絕對要為牠考慮熱量的攝取。

深受維多利亞女王喜愛的狗

▽日本博美犬以出色聞名

●博美犬的祖先是拉雪橇的薩摩耶犬

博美犬穩定成為我們常見的大小，變得能和人親近，是在20世紀之後。在這之前，體重甚至接近14 kg，是遠比現在大型的犬隻。

牠的原產地是從德國東部橫跨到波蘭的波美拉尼亞。犬種名就是從該地名而來。在那個地方，曾經存在以薩摩耶犬（雪橇犬，繼承古犬種派別的北方狐狸犬系）為祖先的作業犬。一般認為，當時應該是擔任看護羊群的工作。

後來，被稍微小型化後，在19世紀中期以「德國的小型狐狸犬」被介紹到英國。

當時，維多利亞女王（1819～1901）就喜歡抱著博美犬。當女王送到展覽會上的博美犬大獲全勝之後，從此在平民間也一躍成為受人喜愛的犬種。

1935年英國出版的「HUTCHINSON'S POPULAR & ILLUSTRATED DOG ENCYCLOPAEDEIA」，裡面也刊載著許多的博美犬。

●進入日本是在1960年代

此後，更小的類型變得受人喜愛，20世紀之後，已被固定化成小型犬種。

由照片可以看出，從當時就被視為可愛的玩賞犬對待。

不久，從歐洲帶到美國的博美犬，在1892年於世界畜犬聯盟登錄犬種。

優秀的博美犬進入日本是1960年代的事，很快就得到人們一定的喜愛，在日本也漸漸有優秀的犬隻被人培育出來。1980年代從日本再出口，甚至在克魯福茲狗展（每年春天在英國舉辦的世界最大規模狗展）也出現優勝的博美犬。即使是現在，日本仍以保有勘稱世界水準的犬種而知名。

原產國德國，是狐狸犬的一種。狐狸犬依不同的大小，分為荷蘭毛獅犬、大型德國狐狸犬、中型德國狐狸犬、小型德國狐狸犬和松鼠犬，博美犬包含在最小的松鼠犬中。

這是當時由英國的繁殖者培育出來的博美犬。

當時的冠軍犬。可以看出從這個時候開始，被毛的顏色變化就已經很豐富了。

認識博美犬的標準體形

▽標準體形匯集了犬隻的魅力

●標準體形顯示犬種的理想姿態

各犬種都有制定各自的「犬種標準」。目前登錄的純血種，絕大部分都是人類配合用途，組合形形色色的犬隻培育出來的，為了有個統一性，所以任何人都能了解的「犬種的理想姿態」被訂定了出來，也就是「standard（犬種標準）」。博美犬在姿態、體格、性格和毛色等也都有詳細的規定。雖然和博美犬一起生活上，犬種標準並非絕對必要，不過知道的話，應該會更添加博美犬的魅力吧！

還有，為了讓美麗的博美犬能夠延續到未來，犬種標準也是重要的。如果

博美犬的犬種標準

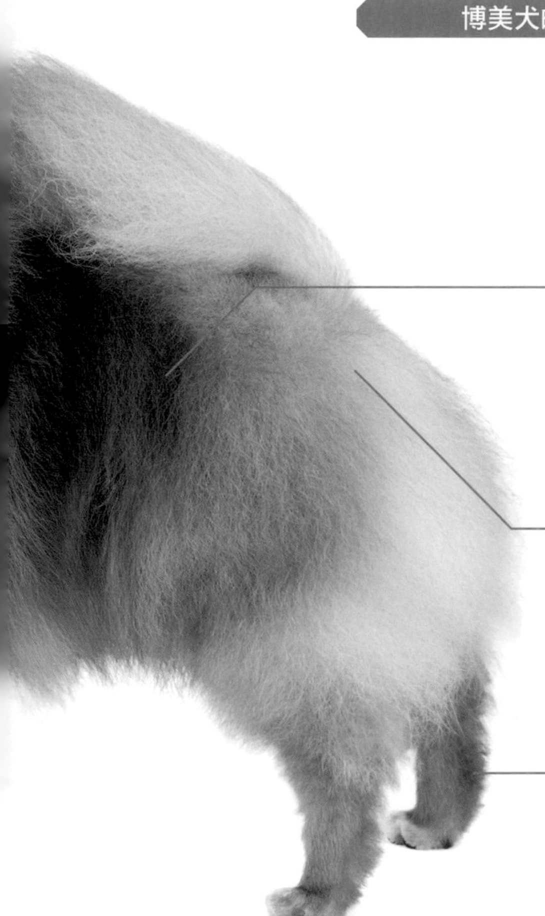

體格

身高：從地面到肩膀高度為20cm±2cm。
體重：1.8～2.3kg為理想。

身體

肩部高，背線筆直且短。胸部側面要如木桶般有弧度地擴張；從正面看則非常發達。腰部緊縮。

尾巴

尾根部的位置高，具有適當的長度。從尾根部到尾端，不上浮地負於背上的形狀為最佳。有豐富的毛量。

後腳

從後面看，左右腳是平行的。大腿覆蓋著豐富的被毛。

不斷進行過度偏離標準的犬隻交配，可能導致博美犬的外形和性格崩壞，或是成為遺傳性疾病的原因。

當然，如果只是作為家庭犬，體格或是體重等稍微偏離標準，是完全沒有問題的。把牠當成重要的家庭一員來寵愛吧！

耳朵

原產於寒冷地帶的犬隻，為了避免體溫流失，像耳朵這樣突出的部分全都有比較小的傾向。博美犬的耳朵也是小的，被認為是北方狐狸犬系的殘餘象徵。以小小的三角形朝向前方直立，長在頭部的高位上。

眼睛

適度大小的杏仁型眼睛，顏色以深色為佳。當犬隻毛色是橘色、白色、黑貂色、奶油色時，眼眶以黑色為理想。

口吻

口吻（嘴端）前端稍細，上顎和下顎非常均衡，和頭部也是相稱的形狀。以緊縮的嘴端為理想。

牙齒

正常發達，為剪狀咬合。還有，鉗狀咬合也是容許的。前臼齒的些許缺牙也是同樣可以容許的。

頭部

頭蓋不會扁平或是太圓，以中間為理想。從上面看呈楔形。額段的平衡很重要，理想比例是口吻2/3、頭蓋1/3。

脖子

脖子位在軀幹上的最高位置。長度稍短，呈微微的拱型。被毛如鬃毛（粗糙）般豐富地覆蓋著。

被毛

長而筆直的被毛，頭部、耳朵、前腳和後腳的前面、腳尖是短毛；脖子和肩膀被有如鬃毛般豐富的被毛覆蓋著。

前腳

以適當的長度直立。腳趾小且緊縮，有如握起手的形狀。像貓一樣的腳尖，被稱為「cat foot」。蹠球厚且具有彈性。

色彩豐富多變的毛色

▽博美犬的毛色共有13種

在日本以橘色和紅色毛色最受人喜愛

若要說博美犬的特徵，就是豐富的被毛了。直立的被毛被稱為「stand off coat（開立毛）」，醞釀出可愛和高貴的氛圍。

提到博美犬，就想到褐色，其實在JKC（以及世界畜犬聯盟）認定的有13種顏色。那就是黑色、褐色、巧克力色、紅色、橘色、奶油色、橘黃黑背、銀灰色、海貍色、藍色、白色、雜色、黑&褐色。

日本雖然以橘色和紅色系的毛色為主流，在英國卻是黑色較受人歡迎，也就是說，喜愛的顏色依不同國家而有差異。還有，其中的海貍色（深米黃色）、藍色是非常珍貴的，極為罕見。

毛色可能因為成長而改變

在狗展的評審上，如果有2隻特徵平分秋色的狗狗，單色會比雜色或黑&褐色有利。也有些畜犬團體可能會認可三色或大理石色（像喜樂蒂牧羊犬般的斑駁模樣），這些都是近年來才產生的毛色。

血統書上雖然會清楚標示毛色，不過隨著犬隻的成長，也可能出現些許變化，所以對一般人來說，是有難以區別的一面。

紅色

整體上是帶紅色的橘色。被認為是博美犬的理想毛色。紅色、橘色、橘黃黑背的毛色都很相似，比較難以判別。

博美犬華麗的毛色

橘色

博美犬的代表性毛色。華麗的顏色最受人喜愛。從亮紅到淡褐，毛色的範圍很大。

橘黃黑背

底毛是深褐色（茶褐色），外層被毛是深橘色，毛尾為黑色。和橘色或紅色一樣，都很受歡迎。

奶油色

白色帶點黃色的中間色。在博美犬的歷史中，推測是在初期上場。有色素比較淡的傾向。

白色

有如白色棉花般的顏色。耳朵末端可能長有黃色的毛。曾經是常見的毛色，但最近純白的顏色已經變少了。

黑色

外層被毛和底毛都是純黑色。漆黑的毛色，在英國受到歡迎。因為在交配上必須注意，所以數量並不多。

巧克力色

比褐色稍淺的茶色，鼻子呈豬肝色。因為繁殖上必須注意，所以數量不多，也最為珍稀。

褐色

如濃茶般的顏色，隻數不是很多。和巧克力色非常相似，不過褐色的顏色深一些。

黑＆褐色

黑色的毛色上，在口吻、胸部、腳尖上清楚加入橘色的毛色。並未獲得英國養犬俱樂部的公認。

藍色

帶有藍色的灰色毛色。交配困難，極為罕見。

狼灰色

以奶油般的淡色為底色，毛尖帶點黑色的被毛。也稱為銀狐色。

雜色

白色為底色，有橘色或黑色花紋的毛色。花紋的樣子形形色色，形成華麗的印象。

海貍色

如同海貍般的顏色，因此得名。交配困難，極為罕見。也稱為「Isabella」。

和博美犬一起生活的樂趣是什麼？

——又是玩遊戲又是帶出門的種種樂趣

●活潑又愛撒嬌，能夠一起從事種種活動

博美犬好奇心旺盛又聰明，而且非常喜愛飼主。從帶回家的那一瞬間開始，飼主大概就會被博美犬的可愛深深吸引吧！

博美犬非常喜歡人又愛撒嬌，但卻不會過於溫順且活潑愛玩，飼主和牠們在一起，可以享受到各種樂趣。

◆可以和博美犬相依偎，度過安穩的時光

多數的博美犬都非常喜歡飼主，是總想跟在旁邊的類型。例如：爬到正在客廳休息的你的膝蓋上，或是撒撒嬌，或是睡午覺……。可愛的模樣讓飼主受到療癒；博美犬則在飼主的寵愛下獲得滿足，彼此應該都能度過美好的時光吧！當你撫摸博美犬蓬鬆柔軟的被毛，心情無疑地也會平靜下來。

◆可以使用各種玩具一起玩遊戲

像絨毛娃娃一樣的博美犬，生來非常活潑，可以快樂地玩玩扔球遊戲，或是玩具大戰，能滿足想要和愛犬一起玩的飼主。

但是因為骨骼纖細，是容易骨折或脫臼的犬種，過度粗暴的遊戲會對骨骼和關節造成負擔，最好避免。

◆因為是小型犬，不管到哪裡都能一起出去

養了狗狗後，許多飼主應該都想嘗試跟愛犬一起出門吧！博美犬是小型犬，只要使用手提袋或手推車，任何地方都很容易帶去。

博美犬自己也喜歡和飼主一起出門，請務必帶牠到各處逛逛！

不過，重要的是，外出前一定要先進行社會化，讓牠習慣形形色色的事物。還有，也有不喜歡外出的狗狗，所以要先徹底摸清楚愛犬的性格喔！

博美犬在意事項Q & A

Q 適合老年人飼養嗎？

可愛的外貌很容易讓人誤判，其實博美犬是非常有活動力的犬種。尤其是幼犬期，總是到處跑來跑去。老年人在不知道這些情況下飼養，照顧上可能會有些辛苦。對於老年人來說，不是很推薦。

Q 適合小孩子嗎？

博美犬有敏感的一面，小孩子大聲說話或是突然的動作都可能會讓牠害怕。還有，小孩子粗魯的對待，也可能造成受傷。

不過，另一方面，博美犬是非常愛家的犬種，如果飼養時，可以充分針對前面所說的問題多加注意，應該就能夠和小孩子建立非常良好的關係。

Q 擅長自己看家嗎？

因為非常喜歡人，所以博美犬不太善於自己看家。不過，由於是非常聰明的犬種，只要好好訓練，自己看家也能不成問題。如果平日總是讓牠長時間自己看家，建議假日就要撥出充分的時間和牠相處。請在生活上多用點心思和工夫吧！

Q 適合多隻飼養嗎？

祖先是薩摩耶犬的博美犬，是同伴和協調意識強烈的犬種，適合多隻飼養。博美犬彼此間可以好好相處，即使和其他犬種也沒有問題（有個體差異，無法一概而論）。但是，對象若是喜愛被單獨飼養的犬種，可能就無法好好相處了。

還有，把多隻飼養想得太輕易的話，會搞砸狗狗的生活。請確實思考過多隻飼養必須花費的勞力、金額能否負荷，以及已養犬隻的性格等等之後再進行吧！

Column

飼養犬隻大概要花多少錢？

養狗就要花錢，如果在毫無頭緒下開始飼養，可能會讓你驚訝：「竟然要花這麼多錢？」

最開始時，需要的是購買幼犬的資金，基本上會依照血統、毛色、寵物店或繁殖者的不同而不同，博美犬1隻大約是20～30萬日圓左右。然後，是購買幼犬用的必需品（參照p.30）費用。那些商品從昂貴的到便宜的都有，但全部備齊也要花費數萬日圓。

和狗狗一起生活需花費的基本費用

● 準備

・購買幼犬的費用
・購買準備用品的費用

博美犬幼犬的行情大概是20～30萬日圓左右。備齊圍欄、便盆、項圈和餐具、食物等日常用品，再加上畜犬登錄、預防接種等的花費，大概預估為3萬日圓左右就可以了。

● 每月的花費

・狗糧費、零食費
・尿布墊費

狗糧和零食、尿布墊等消耗品，1個月最少也要1萬日圓左右的花費。依照狗糧的價格，還會出現相當大的差距。另外，雖然不是每個月都需要，但是玩具費和剪毛費等也是必須的。

● 年度的花費

・狂犬病預防接種費用
・預防心絲蟲的費用
・混合疫苗接種費用
・預防跳蚤、蟎蟲的費用

每年春天都必須做狂犬病預防接種，大約3000日圓左右。一般也會施行傳染病和心絲蟲的預防等。此外，再加入健康診斷和檢查等，每年預計會花3～5萬日圓的醫療費用。在臺灣，也必須每年施打。

和狗狗生活後，首先絕對需要的就是糧食費。還有，雖說給與的量應該注意，但是想要準備零食的飼主還是很多吧！而這也是從高價到便宜的都應有盡有，差距極大。

另外，就日常生活來說，尿布墊也是消耗品。如果是非常喜歡玩玩具的狗狗，玩具也是必須的。

而且，想和可愛的愛犬一起外出的飼主應該也不少。為了讓愛犬高興而前往狗狗運動場，或是感情融洽地出外旅行，花在休閒上的費用，應該都會比只有人的時候多。

不能忘記的還有電費、燃料費等。博美犬怕熱，夏天一定得開冷氣，電費確實會提高不少。

博美犬雖然是強健的犬種，卻有容易發生骨折或脫臼等意外的傾向，也有可能要上醫院……。所以，老犬的看護也是必須考慮的。在犬隻壽命延長的現代，一般認為愛犬終身花費的醫療費用，總金額將會超過100萬日圓。

飼養犬隻的時候，以上的花費都要列入考慮，建議先想好能否好好照顧牠一輩子之後，再帶牠回家吧！

2

帶幼犬回家

終於到了要將博美幼犬帶回家的時刻，先試著整理出必須知道和事先準備好的事項吧！

如果你想要飼養博美犬

帶回家的方法主要有3種

每一種方法都有優缺點

和幼犬的相遇有時是命運，為了避免錯失美好的緣分，這裡介紹幾個購入幼犬的方法。不論哪一種方法都有優缺點，請選擇最適合你們家的。

❶ 從寵物店帶回家

當你想要養狗的時候，最先想到的大概是寵物店吧！大部分的寵物店都會讓你抱抱幼犬，因此完全失去理性，就將狗狗帶回家的飼主不少。

寵物店的優點是可能就位在家附近，工具、用品等容易備齊。有些店家也可以做各種諮詢。

不過令人遺憾的是，也有不太優質的寵物店存在。因此，最好在非常清楚店內的情況、店員的態度、是否有後續服務等之後再購入吧！（請參考下一頁的重點。）

❷ 從專業的繁殖者處帶回家

最建議的是這個方法，因為是在專業知識豐富的繁殖者充分考量下繁殖出來的優質幼犬，提高了遇到理想犬隻的可能性。

從繁殖者處購入的優點是可以看到親犬，比較容易預想得到幼犬是如何成長的。

還有，因為是在不離開親犬下成長的，透過和親犬及兄弟姊妹的接觸，可以完成重要的、最初的社會化，這也是極大的優點。

❸ 活用網路

最近，透過網路的幼犬買賣越來越多。雖然有可以立刻搜尋、容易找到喜歡的狗狗等優點，但也時有耳聞惡質業者會送來和希望犬隻不同的幼犬，或是發生其他問題，所以一定要先確認業者的評價。

此外，目前在法律上，幼犬有面對面買賣的義務。你可以在網路上尋找，但一定要實際看到幼犬，確認狗狗的狀態。

各種購入方法的優點・缺點

寵物店

優點
- 可以看到幼犬
- 可以立刻購買
- 容易備齊用品

缺點
- 可能有極端膽小、容易生病等品質不佳的幼犬
- 每家店的應對方式不同

寵物店的選擇重點

店內有沒有臭味？
如果一進入店內，就籠罩在獨特的臭味中，可能是打掃不夠徹底，幼犬和籠子的衛生狀態也令人擔心。需確認是否被排泄物或其他東西弄髒的情況。

待客態度是否不佳？
店員是否能夠誠實地回答你的問題？是否擁有犬隻的相關知識？因為店員的態度代表著老闆的想法，詢問幼犬的飼養方法時，如果無法回以讓你能夠理解的答案，就必須注意了。

售後服務是否確實？
剛買回家不久，幼犬就生病、死亡時，店家會採取怎樣的處理方式？最好先確認是否有保障制度。和獸醫師合作做健康檢查的店家會更有信用。

繁殖者

優點
- 可以實際看得到幼犬
- 可以看到母犬、父犬
- 可以知道幼犬的生長環境
- 可以帶回優質的幼犬
- 因為生活在犬隻社會，比較容易學會幼犬期的社會化

缺點
- 不容易找得到繁殖者
- 可能沒有你希望的幼犬
- 可能有惡質的繁殖者

繁殖者的選擇重點

犬舍乾淨嗎？（可以讓人參觀犬舍嗎？）
骯髒、瀰漫獨特氣味的犬舍，衛生狀況讓人不安，如果告訴對方想要參觀，卻被冷淡拒絕，最好還是避免。

幼犬是否和母犬一起生活？
從出生到約2個月大的期間，幼犬是否待在母犬的身邊，和兄弟姊妹一起學習犬隻社會的事情？如果沒有一起生活，請試著詢問理由。

對於犬種擁有怎樣的想法？
繁殖者是犬種的專家，不過，其中還是不乏有一再繁殖熱門犬種，為了賺錢進行過度繁殖的人，一定要仔細確認其評價。

網路商店

優點
- 有即時性
- 可以收集到許多情報
- 比較容易作幼犬的比較

缺點
- 可能會有惡質的業者
- 不容易知道幼犬的出身

網路商店的重點

購入前可以先看過幼犬和親犬嗎？
即使是網路商店，目前在動物愛護法下，幼犬的買賣仍有面對面販售的義務。最好事前見面，確認犬隻和飼養的情況。

幼犬的出身是否可靠？
網路商店可能從多位繁殖者處蒐集幼犬進行販售，最好先確認是怎樣的繁殖者。

有售後服務嗎？
和寵物店一樣，最好先確認幼犬買回家不久就生病、死亡時，是否有相關保障制度。

其他的購買方法
也有從徵求領養網站、保健所帶回犬隻的方法。只是，可以帶回的犬隻大多是成犬。對於初次飼養狗狗的新手來說，困難度稍高。此外，也有領養朋友家幼犬的方法。

知道挑選幼犬的方法

比起可愛度，更應該以性格來做挑選

觀察幼犬的遊戲方式，就可以了解基本性格

選擇幼犬時，往往會不經意地以可愛的外觀為優先。然而，最重要的還是性格，還有與飼主之間是否投緣。不只是單獨待在籠內時的樣子，最好也能試著觀察和複數犬隻在廣闊場所玩耍的情形。飼主的飼養方式雖然會讓幼犬的性格漸漸改變，不過還是可以藉由觀察來掌握狗狗的基本性情。

例如：會和兄弟姊妹激烈地相互玩鬧，或是會很快向初次見面的人靠近，屬於活潑健康、具社交性的類型，但是相對地，也可能會出現猛然向對方飛撲的行為。

另外，一看到人就會逃進犬舍的狗狗，性格就是害羞的、警戒心強，社會化上可能要花費較多的時間。

飼主的感覺也很重要。雖然覺得狗狗有點害羞，但心裡就是想養這隻幼犬，這樣的感覺不容忽視，因為那就是緣分。

比起公犬、母犬，更需重視性格和合意度

要養公犬還是母犬呢？這是個人的喜好問題，無法說哪一種好或是不好。

公犬的特徵，像是有無春情期、去勢後容易變得愛撒嬌、留下有如小孩般的性格等。母犬的特徵，則有不會做記號、大多是熱心腸等。不過，有的母犬也會做記號，所以無法一概而論。

體格上，不論什麼犬種，大致上都是雄性比較健壯，整體上骨骼也比較粗大。雌犬則是臉和整體上的骨骼都比較小。

除非是一定想飼養公犬或母犬，如果沒有那麼執著，比起性別，選擇的基準最好還是以幼犬的性格、與飼主的合意度為優先吧！

挑選幼犬時的身體檢查

耳朵

左右均衡，內部呈現漂亮的粉紅色。確認是否有難聞的氣味，或是因為耳垢而又黑又髒？如果狗狗頻頻搔撓，或是往地板上摁壓，就可能有異常。

眼睛

眼睛炯炯有神、明亮。請確認眼睛周圍有沒有被眼屎或眼淚弄髒？讓牠追逐球或是筆型小手電筒的光，以判斷是否有先天上的視覺障礙。

皮膚

有適度的彈性、被毛有光澤。請確認皮膚是否粗糙？是否有皮屑或髒汙？摸起來如果有發黏的感覺，可能是皮膚疾病。

鼻子

具適度的溼氣、呈現光澤的顏色。如果有流鼻水、顯得乾燥、呼吸聲異常等狀態，就必須要多加注意了。

口部

牙齦和舌頭應呈現漂亮的粉紅色。如果允許觸摸，最好打開嘴巴，看看牙齒的排列和牙齦的狀況，並且檢查是否有口臭。

肛門

確認肛門周圍是否沾有糞便？如果明顯有發黏或是汙物殘留，可能是內臟有某種疾病。

行動

活潑地行動、睡得安穩是健康的證明。如果動作遲鈍、沒有食欲，可能是哪裡出了問題。

腳

腳趾是否抓得牢？放鬆坐下時腳趾是否打開？腳後跟是否著地？

幼犬顯現的性格

幼犬的性格主要分成4種。

● 奮勇前進型

好奇心旺盛，任何事情都爭先恐後往前衝的類型。整體上來說，就是不知道害怕、充滿活力的淘氣鬼。

● 我行我素型

會稍微觀察情況後再靠近過來的類型。雖然需要花點時間習慣事物，不過熟識之後就會非常友善。

● 友善型

雖然顯現出好奇心旺盛、快樂的樣子，不過氣勢不如奮勇前進型類型。適度的頑皮和沉穩。

● 害羞型

對於初次見面的人，會感到害怕、不敢靠近的類型。所有事物都要花費不少時間才能習慣。

不同的類型，訓練的方法也各異。詳細請參閱p.43。

接回家前必須預先準備的物品

盡可能事先準備好，才能安心

狗狗可能不喜歡你所準備的物品，隨機應變吧！

決定好要帶回家的狗狗了，接下來就來做一些的準備吧！從幼犬到家的那天起，匆忙又快樂的日子隨即展開，最好盡量先事前做好準備。

床鋪、便盆等準備好的物品，幼犬可能不喜歡或是不願使用。這時，必須捨棄「非用這個不可」的既定想法，做種種嘗試，看看自己的愛犬究竟喜歡什麼形狀、什麼材質的用品。

圍欄

讓圍欄成為能使幼犬安心穩定下來的空間吧！可以在裡面放置床鋪、飲食用的餐具等。另外，應該放在客廳或是起居室等家人聚集的場所。一來這可以讓幼犬習慣形形色色的人，進行社會化訓練，也可以讓幼犬不會感到寂寞。

狗籠

除了圍欄，也可以另外準備狗籠，作為幼犬的休息場所。從小就讓牠習慣籠子，移動或是外出將變得輕鬆。訓練方法請參照第46頁。

床鋪

建議使用可以輕易清洗的，比較衛生。並請依照帶回家的季節來考慮材質和形狀。

食盆

準備食物用、水用各1個。建議使用有適度重量、不會偏離位置的器具。不鏽鋼製、陶瓷製都可以。有些狗狗不太會喝安裝在圍欄上的自動給水器，所以還是將水裝在碗裡比較好。此外，衛生方面必須注意。

狗糧

剛接回家的時候，讓牠吃原本在寵物店或繁殖者家吃的狗糧，比較安全，並請配合月齡更換狗糧。

廁所&尿布墊

養狗狗，要從幼犬開始進行如廁訓練，如果能讓牠學會在室內排泄，會比較輕鬆。也可以不使用便盆，只使用尿布墊。一般都是放置在圍欄內，但也有些狗狗不喜歡靠床鋪太近。

美容用具

也就是整容用具。請先準備好梳子和刷子。指甲剪、指甲銼刀雖然不是一到家就會立刻用到，不過若能逐漸備齊，讓狗狗從小習慣修剪趾甲，即使成為老犬，美容整理上也都能安心。

項圈和牽繩

雖然離出去散步還有一段時間，不過幫狗狗戴上又細又輕的項圈和牽繩，先讓牠習慣也不是件壞事。3～4個月大前，建議使用項圈和牽繩一體成型的商品。注意避免纏繞。

玩具

和愛犬一起玩，是感情交流重要的一環。準備幾樣玩具，然後用愛犬喜歡的玩具跟牠玩吧！喜愛哪種玩具，完全聽任愛犬決定，因此不妨準備幾種形狀和用途上有差異的玩具。如果能準備益智玩具，對於愛犬的訓練也會有幫助。

整頓好房間的環境

目標是打造幼犬也能安心遊戲的房間

避免讓好奇心旺盛的幼犬遭遇危險

決定好帶幼犬回家後，準備用品的同時，最好也能進行環境的整理。不管哪個犬種，幼犬的身體都還不成熟，狀況也不穩定。

不過，還是有些狗狗會靠近或是挑戰有興趣的東西，而那些都可能成為受傷或生病的原因。用心打造安全又舒適的環境，以避免意想不到的意外吧！

◆圍欄設置在起居室

首先，如同前面所說的，最好將幼犬的圍欄設置在有人聚集的客廳或是起居室。因為看得到飼主的動靜，狗狗才不會感到寂寞，也容易習慣各式各樣的聲響。

幼犬不耐冷熱，而且體溫調節還不是很好，最好避免將空調的風直接吹向圍欄。還有，設置在窗邊，讓其過度曝曬在陽光直射下，在夏天也是絕對NG的。

◆將地板清掃乾淨

好不容易把愛犬帶回家了，應該會經常將牠從圍欄放出來，一起玩耍吧！因請此把房間清理乾淨。如果有橡皮筋、髮夾等小東西掉落，狗狗可能會在好奇心驅使下叼起來，導致誤食。有幼犬在的場合，也要注意食物掉屑的問題。所以，請先將愛犬玩耍的地板徹底清理乾淨吧！

◆將不可啃咬的東西加以覆蓋

好奇心旺盛的幼犬，會想啃咬牠覺得奇妙的東西。觀葉植物或電源線等不希望被啃咬或是有危險的東西，最好進行覆蓋或是隱藏。有些觀葉植物具有毒性，對於貪吃的幼犬來說有危險，必須非常注意。

◆避免家具傾倒的預防措施

平衡不好的家具，在玩得忘我的幼犬用力撞擊下，可能會傾倒，最好將其從幼犬玩耍的空間撤走，或是事先安裝固定器，以防倒塌。

還有，如果是活潑的幼犬，可能會想要跳到沙發上面，導致摔落骨折的例子不少。矮沙發可以讓人安心。或是準備階梯，讓狗狗可以順著階梯上去。

●家人間先商量好要做到什麼程度的預防

雖然博美犬中少見，不過還是有幼犬會剝撕壁紙玩耍。從圍欄將牠放出來時，若是有規畫好限定狗狗玩耍的場所，就能比較安心。對於家具和裝潢的預防程度，每個家庭不同，家人間最好事先商量好。

先整頓好室內環境

窗戶

注意開關，以避免狗狗突然從房間跳出去，發生意外或是逃走。

圍欄

設置在狗狗不會感到寂寞、可以安心的場所。人經常通行的門邊或是陽光直射的窗邊並不恰當。

沙發

狗狗想要上去卻摔落，或是跳下來導致骨折的情況經常可見。可以採用矮沙發，或是設置階梯等來做因應。

地板

注意小東西或是食物殘屑，以避免幼犬叼食。防滑部分也預先做好吧！

家具

做好防止傾倒的措施，以免遭到幼犬撞倒。僅在幼犬期先收起來不用，也是個方法。

由全家人決定規則

尋求統一，以免造成幼犬混亂

飼養犬隻時，全家人都同意才理想

迎接幼犬回家時，最好是全家人都希望養牠。假設：媽媽非常想養，爸爸卻興趣缺缺……雖然實際開始飼養後，爸爸變得最投入的情況屢見不鮮，不過若是可以，還是希望從一開始全家人都同意，因為如果只有某一個人照顧，當這個人生病或是必須外出時，就傷腦筋了。

還有，因為小孩子說想要飼養，就把照顧責任交給小孩子也是危險的。尤其是讓小孩子獨自帶狗出去散步，很難應付意外狀況，最好避免這樣做。

確實決定好家中的規則

對於訓練，預先決定好家人的方針是很重要的。例如：媽媽覺得狗狗到沙發上無所謂，爸爸卻說不行，狗狗會因此產生混亂。還有，媽媽說「坐下」，爸爸說「sit down」，言語不同也會造成混亂。有些狗狗甚至可能會變得厭煩，而發生不願意聽從飼主指示的情況。

訓練的方法、訓練到何種程度，每個家庭都可以不同。只是，對於自家的愛犬，「希望牠採取哪種行動、哪種行動是不可以的」，還是先跟家人做好統一吧！

小孩也要遵守規則

關於規則，有小孩子的家庭必須特別注意。例如：孩子可能背著父母親，餵狗狗人吃的食物、違反禁止事項等。還有，小孩子經常會做的，是無意義地叫狗狗坐下什麼的，卻不給獎勵品。這樣做會招來狗狗的不信任感，最好盡量避免。

狗狗在和飼主建立穩固的關係之前，不要讓小小孩和牠獨處，比較讓人放心。

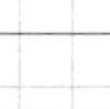

家人必須先決定好的事項

- 在家庭內希望狗狗做的事、禁止的事。
- 上面決定好的禁止事項，全家人都須徹底地不讓狗狗做。
- 決定好訓練上使用的言辭。

接回家當天的心理準備是？

不要勉強處在緊張中的幼犬

前去迎接的時間盡量在上午

終於到了接幼犬回家的日子，請盡量選擇在上午前去領回，這樣當天下午到第二天就都能夠相處在一起。

如果是在下午或是傍晚，便無法讓幼犬在天色尚亮時充分熟悉新環境，很快地迎向夜晚，會使牠更加膽怯。

如果是開車去接，最好兩個人以上

如果是開車去領回，盡量兩個人以上前去，讓駕駛之外的人在膝蓋上鋪上毯子，將幼犬放在上面，溫柔地撫摸，讓牠安心。

如果必須獨自去領，最好將狗狗裝入手提袋或狗籠中，以免妨礙駕駛。而且要穩穩地放在副駕駛座上，避免晃動，以及在安全狀況下不時出聲招呼，因為初次的移動會讓幼犬忐忑不安。

狗狗也可能因為暈車或緊張而嘔吐或小便，一定要攜帶報紙或舊毛巾、面紙、衛生紙等。

如果利用計程車，一定要先確認司機願意讓狗搭乘，有些人會對狗過敏或是不喜歡狗。

嚴禁過度逗弄！請配合幼犬的步調

離開之前生活的環境，來到新的地方，可能會因為壓力或緊張而生病，出現下痢或嘔吐、食欲不振等狀況，這稱為「新主人症候群」（new-owner-syndrome）。最容易在接回家的2～3天後出現症狀。

幼犬來到時，家人無可避免地會感到興奮，往往一整天都逗弄牠。不是輪流抱，就是對任何動作都發出憐愛聲、一直想幫牠拍照，這些心情都是可以理解的。

只是，剛來到新環境的幼犬是緊張的，而且光是移動就相當疲倦了。即使是原本健康的博美犬，變得容易生病也不稀奇。還是先讓幼犬進入準備好的圍欄中好好休息吧！大約需要1個星期的時間，一邊觀察情況，一邊依照幼犬的步調和牠接觸。

不過，因為有個體差異，也有從第一天開始就完全不受影響，活潑玩耍後，身體狀況仍然良好的狗狗。

教導小孩和幼犬接觸的方法

有小孩子的家庭要特別注意：大多數的小孩子一看到幼犬就會發出歡呼聲。突發性的動作或是巨大聲響，都會帶給初次見面的幼犬莫大的緊張。還有，因為寵愛而長時間逗弄，對於剛到家中的幼犬來說，會成為負擔。

請大人好好地對小孩子說明與犬隻接觸的方法，讓小孩子能溫柔地守護牠。另外，絕對不可以將剛來的幼犬置於只有小孩子的環境中。

Q 什麼時候進行健康檢查？

可以在接回家當天帶到動物醫院，也可以等牠穩定後，第二天再去。不過，最好還是趁早檢查牠的健康狀態吧！

Q 完全不能和幼犬玩嗎？

如果幼犬的身體狀況不錯，玩個5～10分鐘是OK的。只要有體力，幼犬就會一直玩下去，所以飼主要記得結束遊戲。正在睡覺的幼犬不可硬要找牠玩；幼犬過來鬧著人玩時，才跟牠玩。

Q 請告訴我幼犬的生活步調

幼犬基本上就是以如廁→玩→休息→如廁……這樣的循環在生活。因為有個體差異，所以請配合該幼犬的步調。固定在圍欄或是狗籠中休息，也是一種訓練。

Q 聽說晚上會夜號……

有會夜號的狗，也有不會的。如果會夜號，不妨把圍欄移動到看得見飼主的場所。夜號時，可以撫摸或是懷抱幼犬，讓牠穩定下來。為了避免夜號變成壞習慣，覺得狗狗已經習慣這個家後，故意漠視是必須的。還有，白天如果讓牠充分玩耍，大多數的狗狗夜間都會睡得香甜。

血統書是怎樣的東西？

有如該犬隻「戶籍」般的重要物件

血統書是情報的寶庫

如果從寵物店或是繁殖者處購入幼犬，會送上血統書，裡面滿載著各種情報。發行血統書的團體有許多個，其中發行最多的是一般社團法人日本畜犬協會（ＪＫＣ）的血統書。血統書是針對有血統登錄的同一犬種父母所生的幼犬來發行，若以人類來比喻，就是有如「戶籍」般的東西。純粹犬種必須藉由此血統書，來證明自己、父母親到祖先，全都是同一犬種這件事。

每一個犬種都各有規定的理想姿態，稱為「犬種標準（standard）」，也就是有固定的姿態和特徵。進行純犬種的繁殖時，為了維持並提升優異的犬種品質，必須以讓出生的幼犬最接近犬種標準作為目標，來訂立繁殖計畫。不只是好的資質，讓人不滿意的也一樣要了解——必須知道是繼承自哪個祖先？甚至不只追溯父母親，而是追溯到祖先犬，知道過去曾經使用怎樣的犬隻進行繁殖。這時，血統書就發揮重要的作用了。因為血統書中追溯記載著該犬隻數代前的祖先，所以在進行正規的交配上，成為重要資料。附帶說明，如果不做正規的交配，會發生怎樣的情況呢？有可能會發生姿態偏離理想體形的情形，更可怕的是，也有可能發生遺傳性疾病，或是性格缺陷。為了防範這些問題，正規的繁殖是很重要的，而為此目的彙集情報製作而成的，就是血統書。

血統書中記載的情報

犬隻名字、犬種名、登錄號碼和出生年月日等基本情報、DNA登錄號碼、微晶片ID號碼、髖關節的評價（有些犬種可能不記載）、父母親的血統圖、兄弟姊妹的情報、優勝紀錄等。

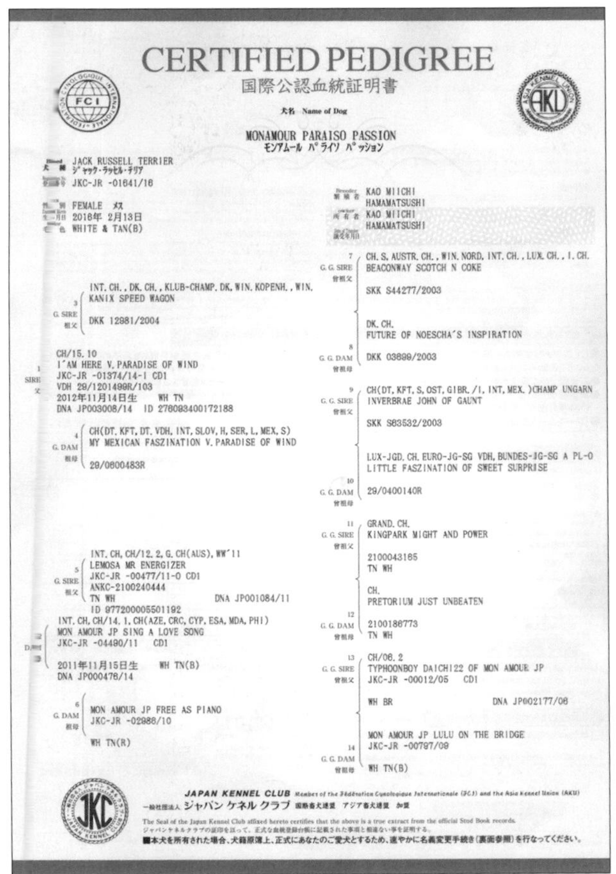

CERTIFIED PEDIGREE
国際公認血統証明書

犬名 Name of Dog

MONAMOUR PARAISO PASSION
モンアムール パライソ パッション

犬種 JACK RUSSELL TERRIER
ジャック・ラッセル・テリア
登録番号 JKC-JR -01641/16

性別 FEMALE メス
生年月日 2016年 2月13日
毛色 WHITE & TAN(B)

繁殖者 KAO MIICHI
HAMAMATSUSHI
所有者 KAO MIICHI
HAMAMATSUSHI
讓受年月日

1 SIRE 父
CH/15.10
I'AM HERE V.PARADISE OF WIND
JKC-JR -01374/14-1 CD1
VDH 29/1201499R/103
2012年11月14日生 WH TN
DNA JP003008/14 ID 276093400172188

3 G. SIRE 祖父
INT.CH., DK.CH., KLUB-CHAMP.DK.WIN.KOPENH., WIN.
KANIX SPEED WAGON
DKK 12981/2004

4 G. DAM 祖母
CH(DT.KFT.DT.VDH.INT.SLOV.H.SER.L.MEX.S)
MY MEXICAN FASZINATION V.PARADISE OF WIND
29/0600483R

7 G. G. SIRE 曾祖父
CH.S.AUSTR.CH., WIN.NORD.INT.CH., LUX.CH., I.CH.
BEACONWAY SCOTCH N COKE
SKK S44277/2003

8 G. G. DAM 曾祖母
DK.CH.
FUTURE OF NOESCHA'S INSPIRATION
DKK 03699/2003

9 G. G. SIRE 曾祖父
CH(DT.KFT.S.OST.GIBR./I.INT.MEX.)CHAMP UNGARN
INVERBRAE JOHN OF GAUNT
SKK S83532/2003

10 G. G. DAM 曾祖母
LUX-JGD.CH.EURO-JG-SG VDH, BUNDES-JG-SG A PL-O
LITTLE FASZINATION OF SWEET SURPRISE
29/0400140R

2 DAM 母
INT.CH.CH/14.1.CH(AZE.CRC.CYP.ESA.MDA.PHI)
MON AMOUR JP SING A LOVE SONG
JKC-JR -04490/11 CD1
2011年11月15日生 WH TN(B)
DNA JP000476/14

5 G. SIRE 祖父
INT.CH.CH/12.2.G.CH(AUS), WW'11
LEMOSA MR ENERGIZER
JKC-JR -00477/11-0 CD1
ANKC-2100240444
TN WH DNA JP001084/11
ID 977200005501192

6 G. DAM 祖母
MON AMOUR JP FREE AS PIANO
JKC-JR -02986/10
WH TN(R)

11 G. G. SIRE 曾祖父
GRAND.CH.
KINGPARK MIGHT AND POWER
2100043165
TN WH

12 G. G. DAM 曾祖母
CH.
PRETORIUM JUST UNBEATEN
2100186773
TN WH

13 G. G. SIRE 曾祖父
CH/06.2
TYPHOONBOY DAICHI22 OF MON AMOUE JP
JKC-JR -00012/05 CD1
WH BR DNA JP002177/06

14 G. G. DAM 曾祖母
MON AMOUR JP LULU ON THE BRIDGE
JKC-JR -00797/09
WH TN(B)

JAPAN KENNEL CLUB Member of the Fédération Cynologique Internationale (FCI) and the Asia Kennel Union (AKU)
一般社団法人 ジャパン ケネル クラブ 国際畜犬連盟 アジア畜犬連盟 加盟

The Seal of the Japan Kennel Club affixed hereto certifies that the above is a true extract from the official Stud Book records.
ジャパンケネルクラブの証印を以って、正式な血統登録台帳に記載された事項と相違ない事を証明する。
■本犬を所有された場合、犬籍原簿上、正式にあなたのご愛犬とするため、速やかに名義変更手続き（裏面参照）を行なってください。

分辨優質繁殖者的方法

近來，不只是到寵物店，從繁殖者處直接帶回幼犬的人越來越多了。只是，雖說是繁殖者，其中還是有優質或是不良的。充滿愛心地飼養，在衛生、健康的環境下進行繁殖，是判斷優質繁殖者的大前提。除此之外，還能用哪些方面來作判斷呢？擁有犬隻繁殖和具備對該犬種相關的豐富知識是最基本的，還必須加上遺傳和獸醫學等各種知識。如果不是這樣，最終將會產出有遺傳性疾病風險和性格或性情部分不穩定的幼犬，增加飼養時的風險。因此，選擇確實掌握這些知識，可以育出高品質犬隻的繁殖者，是首先的重點。JKC和日本瑪氏公司（Mars Japan）在每年的狗展上，都有表揚育出高品質犬隻繁殖者，頒發血統獎（Pedigree Award），作為飼主挑選幼犬的判斷基準之一。如果是從獲得此獎項的繁殖者處帶回的幼犬，在犬隻品質部分，應該是可以降低風險。之後，便是再實際和繁殖者碰面，在談話過程中作判斷，大概就不會有問題了吧！

Column

飼養犬隻，必須在居住的市鎮村區做登錄

在日本，飼養犬隻時，必須做畜犬登錄。所謂畜犬登錄，就是在飼主居住的市鎮村區登錄飼養的犬隻。法律規定，飼養出生91天以上的犬隻時，飼主就要前去登錄，如此才能掌握何人在何處飼養犬隻，萬一發生狂犬病時，才能迅速且確實地因應。

不過，並不是開始飼養後馬上就能登錄。飼主必須先將犬隻帶去做狂犬病的預防接種。狂犬病預防接種是出生90天以後的犬隻，每年都必須接受1次的注射，從4月到6月進行接種。動物醫院有受理，還有各市鎮村區在4月時，也會舉辦狂犬病的集體預防接種，所以也可以選擇在該處做接種。

犬隻接受狂犬病預防接種之後，就會發給「狂犬病預防注射完畢證明書」。這時，再拿著此證明書，於發行的30天內前去做畜犬登錄。至於在哪個部門進行登錄，每個市鎮村區不盡相同。行政部門的網站首頁通常會有指南，可以先確認場所和繳交費用。申請時不需要帶著狗狗一起去。

還有，做狂犬病預防接種時，有的動物醫院也可代辦畜犬登錄，不妨詢問看看。

畜犬登錄完之後，可領取「狂犬病預防接種完畢證明」、「犬隻頸牌」2種金屬牌。犬隻頸牌猶如犬隻戶籍，是「何處何人所飼養」的重要標示，萬一愛犬迷路時，如果有犬隻頸牌，找到的機率就會提高，請務必安裝在項圈之類的物品上面。

因為做了畜犬登錄，一年一次的狂犬病預防接種通知也會寄送到家中。每年接種後，便會發給該年度的「狂犬病預防接種完畢證明」，不要忘了替狗狗更換。

如果搬家，畜犬登錄也必須變更。方法依照各市鎮村區而不同，最好到轉出、轉入處做確認。

畜犬登錄的流程

帶狗狗回家。

▼

如果出生已經超過90天，就到動物醫院接受狂犬病預防接種。

▼

拿到「狂犬病預防注射完畢證明書」。

▼

發給後的30天內在市鎮村區做畜犬登錄。

▼

拿到「狂犬病預防接種完畢證明」、「犬隻頸牌」金屬牌。

3

幼犬的飼養方法

從接回幼犬到長至成犬的期間，是非常重要的學習時間。為了之後的生活而想讓狗狗學習的事物方面，讓我們來聽聽看中西典子老師怎麼說吧！

希望狗狗學會的訓練

——教導狗狗在人類社會生活上希望牠做的事

教導希望牠做的事、不可以做的事，這就是訓練

所謂犬隻的訓練，就是教導不同於人類的生物——犬隻，在人類社會中生活所需要的規則、教養。

幼犬一開始時並無法區別人們希望牠做的事、不能做的事。如果放任本能，飼養成又是啃咬又是吠叫的犬隻，將會為周圍帶來困擾。

雖說如此，但如同前面所寫的，犬隻是和人類完全不同的生物。就犬隻來說，明明是理所當然的行為，卻被人禁止，狗狗也同樣感到困擾。而且，老是這個被禁止，那個被發脾氣的，飼主和狗狗的生活大概也快樂不起來吧！

教養並非強行加上的「人類的方便」，而是在理解狗狗為什麼採取該行為之後，「教導希望牠做的事、不可以做的事」的訓練，也就是學習。

還有，如果進行的是為犬隻本身著想的正確教養（訓練），也可以成為犬隻和飼主之間的感情交流，能加深彼此的關係。

重要的是，要針對犬隻性格進行適合的訓練。如果犬隻是調皮的，就重視能讓牠平靜下來的方法；如果是害羞的，比起訓練更應該重視社會化。現在，就請開始想一想適合愛犬性格的訓練吧！

必須訓練的理由

- 能夠教導和人不同的生物——犬隻，在人類社會中的規則、禮儀。
- 能夠教導狗狗，希望牠做的事、不可以做的事。
- 透過正確的訓練，加深和狗狗之間的關係。

由性格選擇想要教導狗狗的訓練

友善型

- 主動靠近有興趣的事物。
- 適度的活潑。
- 心情振奮就會發出聲音。

- 性格本來就很和諧，不需過度強行教養。
- 以「坐下」、「等待」教牠安靜下來的方法。
- 以籠內訓練教牠安靜下來的方法。
- 如果有害怕的事物，讓牠習慣。

衝鋒型

- 向所有感興趣的事物突進。
- 高度興奮，總是動來動去。
- 容易發出聲音。

- 以「坐下」、「等待」教牠安靜下來的方法。
- 以籠內訓練教牠安靜下來的方法。
- 找出牠喜歡的遊戲，給牠玩許多遊戲。
- 快樂有活力地面對狗狗。

膽小型

- 對於初次看到的東西，大多無法靠近。
- 容易靜止不動。
- 容易因為害怕而發出聲音。

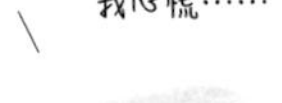

- 比起訓練，更應重視社會化。
- 以籠內訓練為牠創造可以安心的場所。

觀察型

- 對於有興趣的事物，觀察一陣子後才會靠近。
- 以自我的步調行動。
- 不太發出聲音。

- 性格本來就很和諧，不需過度強行教養。
- 以「過來」教導牠「到飼主身邊來會有好事情」。
- 教牠快樂遊戲的方法。

如廁訓練

讓狗狗學會在室內如廁，就不必只為了排泄而外出。當牠成為老犬時也可以安心。和圍欄訓練同時進行會比較容易。

●使用圍欄進行訓練是容易的

最好從幼犬到來的那天開始，就進行如廁訓練。犬隻，尤其是公犬，都有做記號來主張自己勢力範圍的傾向。這是源於犬隻本能的行為，即使斥責也沒有意義。還是在地盤意識產生前，教會牠「在尿布墊上小便」吧！

有些家庭會因為愛犬四處小便而在屋中到處鋪上尿布墊，但是狗狗學習到的是「鋪上尿布墊的地方等於可以小便」，而無法解決問題。比較好的作法是：限定尿布墊的放置場所，讓愛犬學會「排泄就要到那裡去」。

本書中，將教你使用圍欄的方法，作為從幼犬開始就該進行的如廁訓練。和籠內訓練（參照第46～47頁）一起進行，效率更好。還有，不只是幼犬，只要有耐性地教導，成犬也同樣可以訓練。

此外，也有些狗狗出去散步後，喜歡在外面排泄，變得不在室內排泄。其實，只要徹底做到「排泄後就給獎勵品」這件事，應該就不會發生不願在室內如廁的狀況了。

博美犬的如廁訓練上應該注意的事項

- 身體的大小和便盆的大小是否適合
- 便盆的材質、高度等是否適合狗狗
- 弄髒的便盆總是未加清理

※隨著成長，有些狗狗的身體會超出便盆，最好讓牠使用大小能夠將身體完全收入的便盆。在訓練狗狗排泄的時候，可以確認牠的下半身是否在便盆內。

狗狗容易
排泄的時間
●睡醒時
●吃飯後
●遊戲後
●開始走來走去時
1 顯現出想排泄的樣子時，讓牠進入圍欄中。
2 使用獎勵品，誘導至便盆。注意：整個身體都要在上面。
3 使用柵欄或其他物品，物理性地區隔如廁和床鋪空間。
4 輕聲地從稍遠處對狗狗發出「one two，one two」的指令聲。
5 排泄結束後，給與獎勵品。
6 拿掉柵欄，讓牠從圍欄中出來。

籠內訓練

如果可以先讓狗狗習慣狗箱，外出或避難的時候會比較安心。開始讓狗箱成為愛犬可以安心的場所吧！訓練的內容也可以沿用到狗籠或圍欄上。

● 使用獎勵品，等待狗狗自主性地進入

和如廁訓練一樣，幼犬到家後最好馬上開始的還有籠內訓練。狗箱是指由塑膠製成的犬隻用手提箱，讓狗能夠安心地進入狗箱中，就是籠內訓練。

有些公共交通工具，如果不將狗放在狗箱中，是禁止搭乘的。還有，災害發生時，基本上犬隻應同行避難，而在避難所中，會建議將犬隻放入狗箱或手提箱中。所以狗狗能在狗箱中安穩度過，是和人類共同生活上必須的。

籠內訓練上，重點在於狗狗自主性地進入狗箱。可以在狗箱中放入獎勵品，等待犬隻自己進入。當狗狗進入裡面後，將獎勵品拿近牠的鼻端，然後讓狗狗旋轉身體，正面朝向你，狗狗就不會退縮跑出去。接著，將關門的時間慢慢拉長。

還有，將狗箱放置在就寢場所也有效果。因為狗狗將很容易就學到「狗箱等於可以安心的場所」。也可以在箱內放入狗狗喜歡的玩具或毯子等。

也可以沿用到圍欄或籠子的訓練上

籠內訓練的方法，也可以沿用到圍欄或籠子上。先用獎勵品誘導狗狗進入裡面後，再關上門，並且慢慢地拉長關上門的時間。完成圍欄、籠子訓練後，作為獨自看家時的居處或是讓狗狗冷靜下來方面，都能夠發揮效用。

1 將獎勵品放入狗箱的內側。

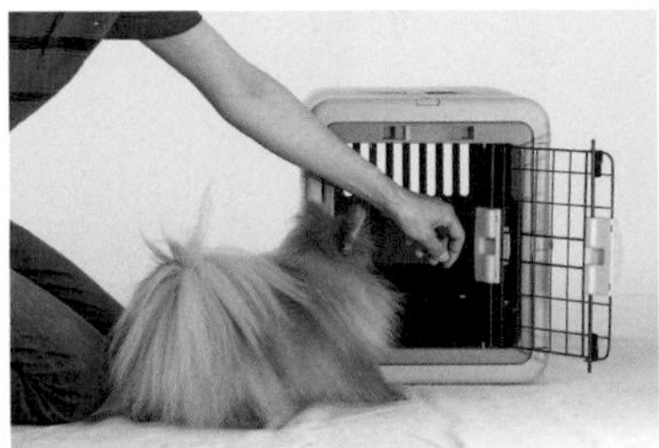

2 出聲說「house」，等待狗狗自主性地進入。

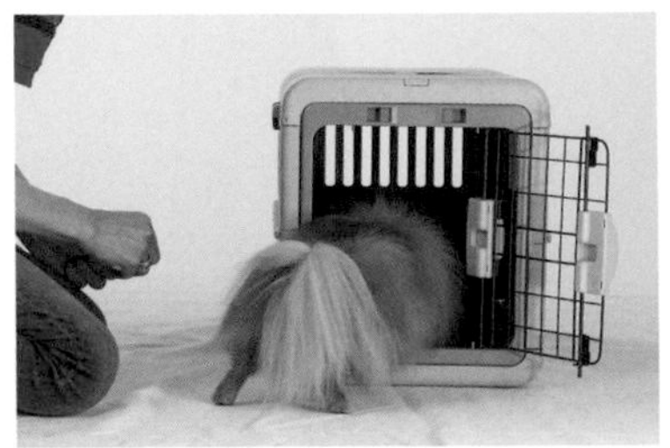

3 拿另外的獎勵品靠近狗狗的鼻端，讓狗狗的身體在狗箱中轉過來。這樣做，狗狗就不會往後退出去。

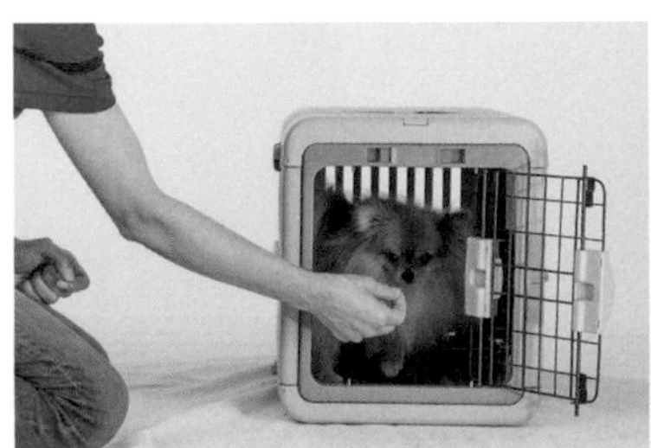

4 在狗狗吃獎勵品的時候，悄悄地關上門。

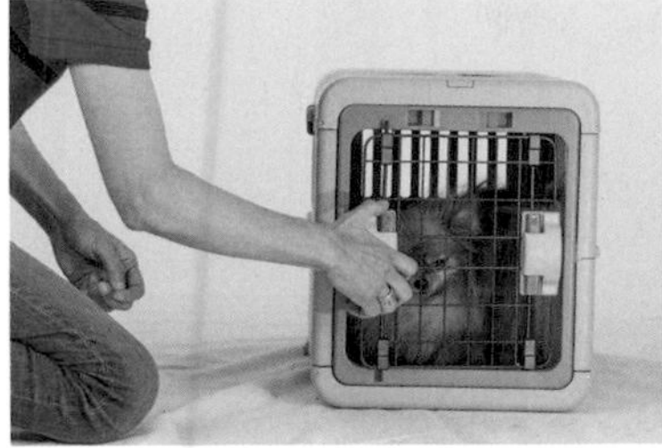

5 狗狗吃完獎勵品仍然顯得安穩，就打開門讓牠出來。

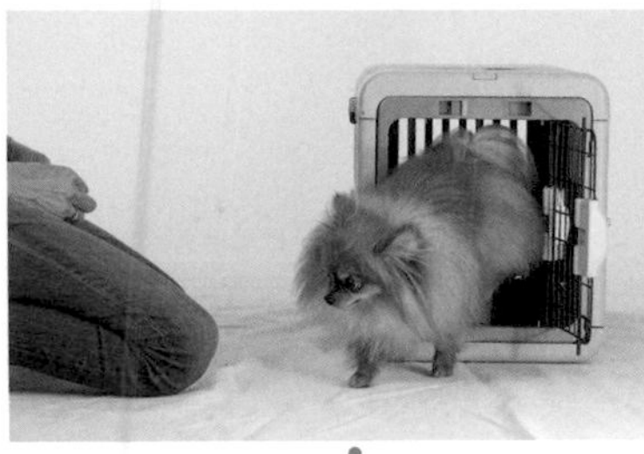

6 若要拉長關上門的時間，可以試著放進益智玩具等。

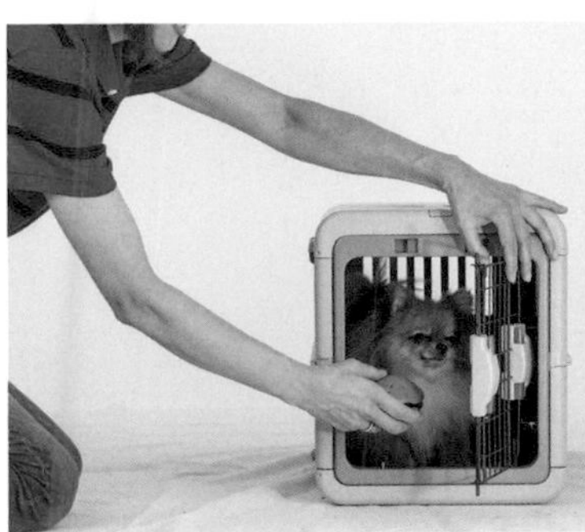

坐下・趴下的訓練

來自「坐下」、「趴下」的「等待」，是希望愛犬靜止不動時非常有用的指示。先來說明「坐下」、「趴下」的教導方法。

即使是性格平穩的犬隻，最好也能學會

「坐下」是訓練的基本，具有重要的意義。例如：狗狗散步中想要撲向他人或犬隻、想要追逐經過的腳踏車時，如果夠能讓牠學會在「坐下」的指示下靜止不動，就能為愛犬的行動加上剎車。因為「坐下」是臀部著地，動作上會受到限制。

「趴下」同樣也能為愛犬的行動加上剎車。「趴下」是腹部著地的動作，可以說是比「坐下」更容易冷靜下來的姿勢。

此外，為了讓愛犬靜止不動，在教導「坐下」、「趴下」的同時，也必須教牠「等待」。「等待」的教導方法請參照第50頁。

如果愛犬的性格平穩，是否就可以不用教導牠「坐下」、「趴下」了呢？沒有這回事。即使是平常很沉穩的狗狗，還是有許多必須飼主指示牠「坐下」或「趴下」的情形。當愛犬處在無法沉穩的狀態時，為了保護牠遠離危險，還是先教會牠來自「坐下」、「趴下」的「等待」吧！

這裡會先來說明「坐下」和「趴下」的教導方法。

教會牠「手」和「換手」有比較好嗎？

來自「坐下」、「趴下」的「等待」，是攸關愛犬安全「應該學會的號令」，而「手」或「換手」卻和生命沒有太大的關係。就算沒有學會，也不會對周圍造成困擾，不需要因為狗狗沒學會而煩惱。不過，愛犬如果是喜歡和飼主一起做些什麼事的類型，因為可以作為感情交流，教會狗狗或許也不錯！

趴下

1 拿獎勵品給愛犬看。

2 將獎勵品放低到愛犬的腳邊，只要狗狗腹部一著地，就說出「趴下」（可以把獎勵品放在大約前腳中間的位置）。

3 等到狗狗腹部著地，成趴下的姿勢時，就給牠獎勵品。

坐下

1 拿獎勵品給愛犬看。

2 說出「坐下」的號令，一邊將獎勵品移動到愛犬臉部的正上方，當狗狗頭抬起來，臀部自然就會降低坐下。

3 等到愛犬的臀部著地，成坐下姿勢時，就給牠獎勵品。

等待・過來的訓練

「等待」和「過來」可控制愛犬的行動，讓牠從興奮狀態緩和下來，在迴避危險上是必須的。一定要教會狗狗喔！

學會「等待」、「過來」，也可以作為狗狗的緩和運動

「等待」就是在發出指示的當下，要狗狗停止不動，也是能有效成為平息興奮的緩和運動。容易興奮的博美犬若是學會了，可以讓人安心。

通常，讓狗狗「坐下」或「趴下」後，狗狗會比較容易等待。訓練上也是「坐下」→「等待」、「趴下」→「等待」，這樣一起進行更有效果。

還有，在與狗狗的相處上，長時間的「等待」並不太需要，尤其是吃飯前的長久「等待」，不論是在訓練上或是建立與犬隻的信賴關係上都不具意義，還不如在日常中一邊給與獎勵品，一邊以遊戲的感覺做練習，更能讓狗狗快樂地學習。

另一方面，「過來」是將在稍遠處的愛犬喚回飼主身邊的指示。狗狗在運動或對其他事情感到過度興奮時，如果能用「過來」叫喚牠，可以讓牠緩和下來。「過來」也可以制止即將靠近危險的狗狗。

可以在愛犬顯得無所事事的時候，對牠發出「過來」的指令，讓牠到身邊來，跟牠玩快樂的遊戲。也可以全家人像比賽一樣，競相呼喚狗狗，都有助於訓練。

「等待」&「過來」可派上用場的情況

- 想要撲向其他犬隻或人時
- 好像要和其他犬隻打架時
- 快要靠近危險場所時

過來

手中握著獎勵品，展現給愛犬看。

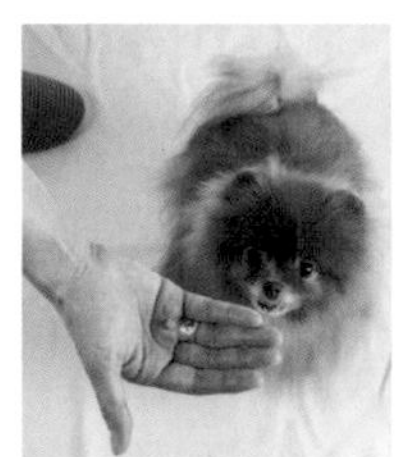

2

一邊出聲說「過來」，一邊將握著獎勵品的手降低到愛犬可及的地方。

3

當狗狗來到握著獎勵品的手旁時，就給牠獎勵品。

4

家人試著相互呼喚狗狗，用比賽的感覺完成「過來」的練習。

等待

1

發出「等待」的指令，令狗狗靜止不動（讓狗狗坐下比較容易做到）。

2

狗狗靜止不動時，出聲說「可以了」，給牠獎勵品。

3

逐漸拉長說「等待」到說「可以了」的時間。

讓狗狗習慣各種事物

從幼犬時就開始進行社會化

讓牠習慣人類社會形形色色的事物

犬隻生活在人類社會中，和訓練同樣重要的，就是讓牠習慣形形色色的事物。例如：出去散步，會遇見飼主以外的人或犬隻，還有汽車、摩托車行駛在道路上。室內則會聽到室內電話、手機的聲響。而讓狗狗習慣周遭的所有事物，就是「社會化」。

社會化的重點是，階段性地讓狗狗逐漸習慣。雖然大多數的博美犬都是好奇心旺盛的狗狗，但是突然到人非常多的場所，或是到都是犬隻的狗狗運動場，還是不行的。最好是從藉由散步來與人接觸的小刺激開始吧！

◆從靈活的幼犬時開始

社會化從靈活的幼犬時期開始是最好的。請從把狗狗接回家的時候開始，就讓牠逐漸習慣事物。這個時期如果經驗到不好的事情，將很容易形成精神創傷。

另外，必須了解，不同的犬隻能夠社會化的範圍也不同。如同人也有適應力、容許力高的類型和低的類型，犬隻中也有容易習慣事物的狗狗和不容易習慣的。不容易習慣事物的狗狗，社會化對牠來說可能會成為壓力。如果牠顯現出有壓力的感覺，就要放慢讓狗狗社會化的進行，並逐漸認清愛犬可以習慣到什麼程度。

社會化的重點

- 從小的刺激開始
- 從幼犬的時候開始
- 能夠社會化的範圍依犬隻而異

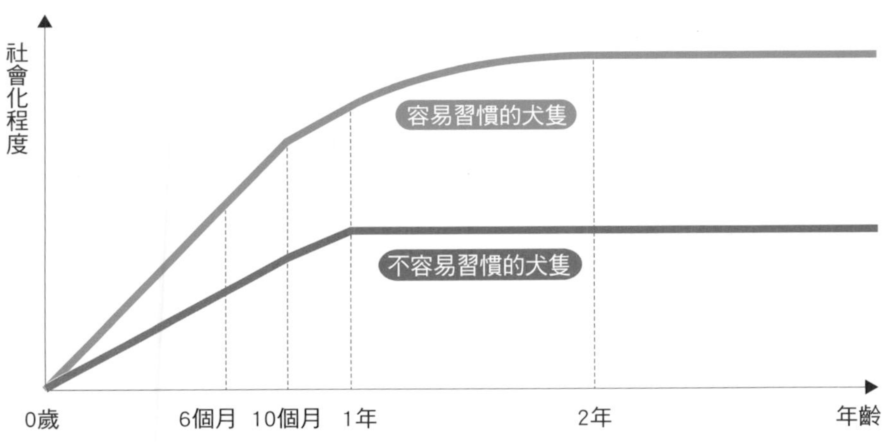

社會化的進度、能夠做到的範圍依犬隻而異

上表是依照年齡顯示社會化進行到什麼程度的圖表。一般認為，從一出生到約10個月大的時候，是進行社會化的最佳時期。這是因為幼犬的思維靈活，比較容易吸收形形色色的事物。

10個月大之後，犬隻的各種好惡變得明顯，容易將不喜歡的心情表現出來，社會化的進度因此會變得稍微緩慢。到了成犬，就更加緩慢了。但是，並不是完全沒有進行，所以即使長到成犬，最好繼續給與各式各樣的刺激。因為有個體差異，所以就算成犬了，還是有容易進行社會化的犬隻。

不過，適應力不高的犬隻，進展是非常緩慢的。雖然就博美犬來說，或許比較少見。還有，以圖表來看，最大限值原本就不高的犬隻，傾向於線條固定之後就不再有進展，該線條就是該犬隻的最大值了。比起勉強狗狗去習慣人，或是去習慣犬隻，還不如有訪客時讓牠待在其他房間、在行人或狗狗較少的時間才帶出去散步等，為狗狗思考讓牠可以安心生活的方式為佳。

希望讓牠習慣的事物

試著列出犬隻在人類社會生活上希望讓牠習慣的事物。尤其在散步中難以避免會和其他人或犬隻擦身而過。博美犬中不乏有敏感、膽小的，這樣的犬隻，盡可能讓牠習慣形形色色的事物，才能讓彼此都快樂。

其他的人

能夠做到友善地接近是最好的。如果是會認生的犬隻，只要讓牠習慣散步中能夠安心地與他人錯身而過的程度即可。

其他的犬隻

能夠做到平穩地和對象犬隻打招呼是最好的。如果狗狗做不好，也要慢慢地讓牠習慣，直到散步中看到其他犬隻都不會吠叫的程度。

1 等待狗狗靠近過來。

如何讓牠習慣人？

對初次見面的人表現出有興趣的樣子，卻總是不敢靠近，從遠處觀察情況……這是害羞性格的犬隻常見的態度。這種情況，就靜靜等待狗狗自己靠近吧！

新場所

最好做到在新場所也能如平常般度過。狗狗剛開始時可能會顯得不知所措，但隨著時間推移，漸漸能夠活動就OK了。

汽車・摩托車等

能夠做到車子經過旁邊也能順利通過是最好的。不然，若發生追逐會有危險。請參照p.78，做轉移犬隻注意力的練習。

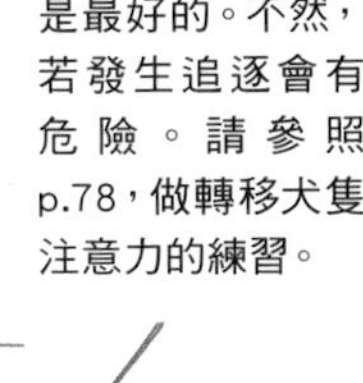

生活中的聲音

室內電話、手機、人的腳步聲、談話聲等都是生活中的聲音。最好是聽到也能如平常般生活。即使瞬間有反應，只要能立刻平息下來也是OK的。

吸塵器

對於吸塵器，多數犬隻的反應都是吠叫或是感到害怕。必須從小就讓牠習慣，才能安心。可以一拿出吸塵器，就給牠獎勵品或益智玩具，慢慢教導牠「吸塵器=有好事情」。只是，因為有個體差異，還是會有總是無法習慣的狗狗。這種情況，可以採取讓愛犬到其他房間去之類的對策。

2 就算靠近過來了，仍然不看牠，也不要想撫摸牠。狗狗如果受到驚嚇，警戒心會提高。

3 狗狗過來嗅聞氣味，仍然保持不動。

4 如果狗狗過來搭手或是坐到膝蓋上，視情況試著輕輕撫摸牠。比起撫摸頭部，撫摸胸部通常比較不會讓牠感到害怕。

讓牠習慣身體被人撫摸

對於照料和健康檢查來說，撫摸愛犬的身體是重要的，讓牠漸漸習慣不管撫摸哪裡都不會發脾氣。

兼做感情交流地撫摸全身

想要保持愛犬的健康，每天的照料是不可缺的。然而，如果是討厭被人觸摸身體的狗狗，就連照料都會變得困難。從幼犬的時候開始，就兼做感情交流地撫摸牠身體的各個部位吧！臉部的皺褶是汙垢容易堆積的部分，為了易於照料、整理，最好有意識性地練習撫摸臉部的周圍。

有些犬隻不喜歡腳尖或尾巴被人觸摸，不妨使用獎勵品，一點一點地做撫摸的練習（參照第81頁）。如果牠變得願意讓人撫摸整個身體，飼主也比較容易發現有什麼硬塊之類的異常部分。

要讓狗狗習慣的部分

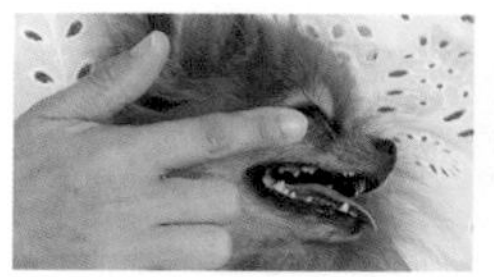

眼睛
溫柔地撫摸眼睛周圍，對點眼藥之類的時候會有幫助。

耳朵
對犬隻來說，耳朵是舒服的部位之一，可以以按摩的感覺撫摸耳根部。

嘴巴周圍
溫柔地撫摸嘴巴周圍。可以的話，試著翻開嘴脣，作為幫牠刷牙前的練習。

腹部
如果可以兼做按摩地每天撫摸，有助於發現硬塊或其他異狀。

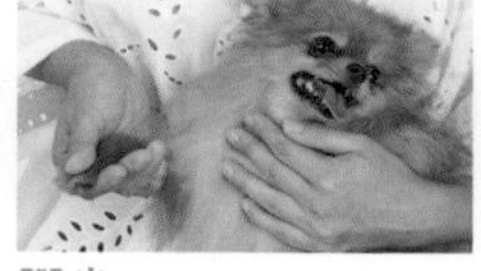

腳尖
是觸摸機會較多的部位，例如：散步後要擦拭腳部。要讓牠習慣。

肛門周圍
敏感的部位，所以有些狗狗不喜歡受到觸摸。要讓牠習慣。

背部
和腹部一樣，兼做按摩地試著撫摸，有助於異常的發現。

讓牠習慣被抱

讓狗狗習慣被人懷抱，緊急時會比較方便。很多狗狗會對後腳不穩定感到害怕，所以請確實抱穩。

懷抱後讓牠做快樂的事

因為博美犬是小型犬，大概有很多飼主都會不自覺地抱起牠吧！除此之外，在動物醫院要將愛犬抱起來的機會更是多，像是要抱牠上診察臺。雖然不需要養成牠被抱的癖好，但是從幼犬時開始，就讓牠習慣在緊急時不會討厭被抱，才可令人安心。

抱狗狗的方式，要領是抱起來之後，不要做讓牠討厭的事，而是做一些對牠而言快樂、愉快的事。例如：抱起來後撫摸牠。

有些狗狗突然被抱起來會受到驚嚇。要抱牠的時候，最好出聲說「抱抱」之類的招呼語。

OK的抱法

抱狗的方式，依照飼主容易做的就可以了。後腳不穩定時，很多狗狗都會感到不安，必須要穩穩地抱住後腳。抱起前招呼一聲，似乎可以讓許多狗狗感到安心。

抱小型犬的時候，比起從較高的位置抱起來，飼主屈身從較低位置將牠抱起，可以讓狗狗更加安心。

基本上，抱狗狗時只要採取飼主和愛犬都容易做的方法就可以了。照片中是穩穩地將後腳抱入，最安心的抱法。

NG的抱法

不建議用抓住前腳根部，讓後腳伸直的方法。因為前腳的腋下承載了全部的體重，大多會讓狗狗感到疼痛。請千萬不要這樣做！此外，也不要從後面突然包覆般地抱起，愛犬可能因此受到驚嚇。

有些狗狗突然被人從後面抱起來會受到驚嚇（如果從幼小時就被人這樣做，有些狗狗也會習慣）。打聲招呼後再抱起，狗狗也可安心。

和愛犬快樂地玩遊戲

遊戲是重要的感情交流

喜歡怎樣的遊戲依犬隻個體而異

和狗狗一起玩，是飼主和愛犬感情交流重要的一環。還有，對於犬隻來說，往往也是彌補運動不足的方法。

遊戲有許多種，大致分類的話，可以分成「丟球遊戲」、「拔河遊戲」、「和某物鬧著玩」。因為有個體差異，喜歡哪種遊戲就要看該犬隻了。例如：有喜歡拔河遊戲，卻完全不玩丟球遊戲的。當然，也有全部都愛玩的狗狗。不妨試著找出愛犬喜歡玩哪一種遊戲吧！

還有，狗狗對玩具的喜愛也有差異。例如：使用布偶就會玩拔河遊戲，但若是乳膠玩具就不願意玩。玩具並沒有說哪種好或是不好，主要是使用狗狗喜歡的玩具。但是，容易損壞或是撕碎的，可能遭到誤食，必須注意。博美犬的嘴巴小，所以太大的玩具並不適合。

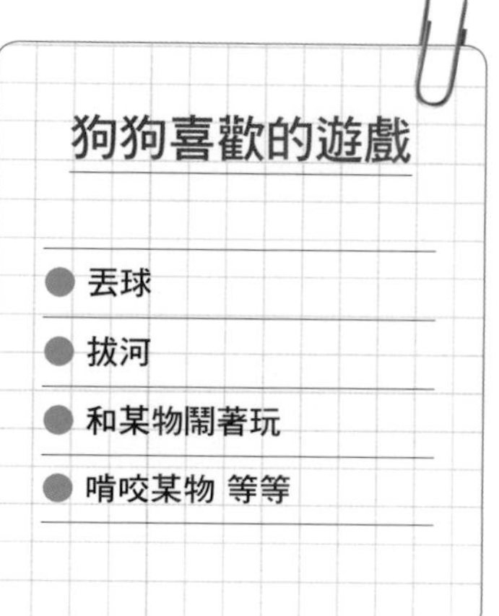

狗狗喜歡的遊戲

- 丟球
- 拔河
- 和某物鬧著玩
- 啃咬某物 等等

◆接受不玩遊戲也是個性

博美犬中也有對遊戲不太有興趣，或是對玩具沒有反應的。就像人類也有對運動沒興趣的一樣，這就是愛犬的個性，是沒有辦法的事。如果嘗試過給牠各式各樣的玩具，仍然不玩的話，就接受它吧！只是，這樣容易造成運動不足，必須在其他方面做些調整，例如：多帶出去散步、控制零食和狗糧的熱量等。

關於必須知道的「遊戲」

遊戲具有滿足犬隻本能的作用，不要完全禁止，而是要先了解為什麼狗狗會那樣做。

關於咬著玩

咬著玩是「來玩吧！」「來逗我！」的信號。要不要接受遊戲的邀請，視飼主而定。「好，來玩吧！」回應之後，跟狗狗直接玩啃咬的遊戲，或是提議玩其他的玩具，可以由飼主決定。

不可以用手玩遊戲嗎？

有些犬隻喜歡玩飼主的手，這是想和飼主有所關聯的信號。如果完全不准牠玩，結果是就變成拒絕遊戲。若不想讓狗狗對著你的手嬉鬧，不妨試著誘導到布偶遊戲之類的。

狗狗找你玩該怎麼辦？

有人認為，為了位階順序，最好不要接受愛犬找你玩，其實不需要如此。會靠近過來找你玩，證明牠非常喜歡你。如果有時間和餘力，就好好地和牠玩吧！

玩具應該收拾起來嗎？

放幾個玩具讓愛犬自己玩應該沒有關係。愛犬非常喜歡的玩具，則可以先收拾起來，作為一起玩時的特別玩具。另外，材質容易損壞和咬碎的玩具，還是先收拾起來比較安全。

除了玩具，其他物品都不可以玩嗎？

狗狗有時候也喜歡非犬用的玩具，例如：喜歡玩襪子或拖鞋、喜歡人玩的布偶。能夠允許牠到什麼程度，就依飼主而定了。如果飼主認為有些東西給狗狗玩也無所謂，而且誤食的可能性不高，不強行沒收也沒關係。

推薦的遊戲方法

狗狗喜歡怎樣的遊戲呢？每隻狗狗喜歡的都不一樣，不妨幫愛犬找出牠喜歡的遊戲吧！這裡介紹中西老師推薦的幾款遊戲。

布偶遊戲

最推薦的是布偶遊戲，可以滿足想要互相啃咬、嬉鬧的習性。重點是，跟狗狗玩的時候，兩隻手上都要拿著布偶。如果只有一隻手拿著，狗狗就會對準沒有拿的手飛撲過去。玩的時候，兩隻手輪流突擊狗狗的臉或臀部，狗狗就會一下子朝這邊，一下子往那邊地快樂玩耍。

丟球遊戲

丟球遊戲就是讓愛犬去追逐飼主丟出去的球，然後再帶回來的遊戲。可以刺激狗狗追逐的習性。丟擲的東西也可以不是球，只要是投擲或愛犬啣著沒有危險的東西，像是襪子、毛巾等狗狗喜歡的都可以。但是必須注意，避免愛犬咬碎吞下。

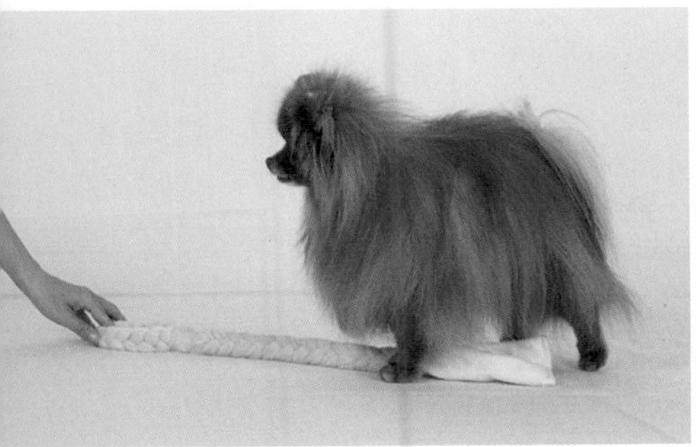

拔河遊戲

利用繩子之類的東西，一頭讓愛犬咬住，另一頭由飼主握住，互相用力拉的遊戲。拔河可用的玩具非常多，是還滿方便玩的遊戲。不過，有些狗狗不用繩子型玩具，而想用布偶玩拔河遊戲，可以配合愛犬的喜好給與。另外，不適合作為拔河玩具的東西，請從一開始時就收拾起來吧！

益智玩具

益智玩具是在裡面塞入零食的玩具，讓狗狗為了得到獎勵品而做的努力，變成對腦部的刺激。愛犬長時間被關在狗箱內，或是讓牠在圍欄內獨自看家時，給牠益智玩具，就可以好好打發時間了。有些狗狗對益智玩具有興趣，有些則沒有，可以用各式各樣的玩具試試看。提高獎勵品的品質也是一種方法。

如果想用寶特瓶玩遊戲……

很多狗狗喜歡咬寶特瓶。比起其他玩具，如果你的愛犬更喜歡寶特瓶的話，也可以試著用點心思，將寶特瓶改製成玩具。例如：在裡面裝入零食後給狗狗，就可以讓牠將寶特瓶玩得滾來滾去，玩出像益智玩具般的樂趣。不過，飼主一定要看守著，因為咬住後若誤吞會有危險。

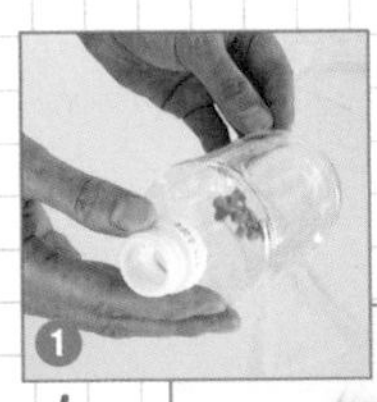

❶在洗好並已乾燥的寶特瓶中，裝入弄成小塊的獎勵品。最好讓愛犬看看裝入的地方。也可以在寶特瓶的側面開個小洞。

❷寶特瓶不用蓋上瓶蓋，拿給愛犬。為了取得裡面的獎勵品，狗狗應該會滾動或是啃咬寶特瓶。可以當作益智玩具玩，但必須隨時注意，避免寶特瓶被咬碎。

幼犬的飲食

因為是在成長期，所以請充分給與必須的營養

就營養均衡方面來說，幼犬用狗糧讓人安心

迎接幼犬回家後，接下來你想如何飼養呢？飲食方面也有種種需要考量的。想要以狗糧為主？希望親自準備食物？還是狗糧和親自準備的食物各半？都必須先決定好。

幼犬的成長期，是打好身體和骨骼基礎的時期，所以營養非常重要。因此，在滿足必須的營養方面，自己烹調食物可能有相當的困難。

含有幼犬所須的均衡營養成分，又可以輕鬆給與的，就是狗糧了。狗狗骨骼停止生長大約在出生後11個月時，如果想要給與自己烹調的食物，最好在這個時期以後。在此之前，就營養均衡方面來說，給與幼犬用的狗糧才能讓人放心。

更換狗糧需慢慢進行

幼犬來家裡之前所處的環境，基本上就是繁殖者或是寵物店，請事先向他們詢問清楚之前吃的狗糧種類和給與的份量、次數等。還有，請不要接到家裡後立刻更換飲食內容，至少要等到習慣新環境之後再說。

幼犬漸漸習慣新家之後，如果想要幫牠更換成其他狗糧，不可以一下子全部換掉，不然可能發生下痢或是嘔吐的情形。

大約用一個星期的時間，少量、少量地將新狗糧混入原來吃的狗糧中，漸漸改變比例。記得，觀察幼犬的情況，反覆地進行少量、少量的更換吧！

月齡別進餐次數的大致標準

想要幼犬有效率地攝取營養，剛開始時次數要多，隨著成長再漸漸地減少次數。

- ●2～3個月→1日4次
- ●3～6個月→1日3次
- ●6個月～1歲→1日2次

一個星期測量1次體重，確認發育的狀況

給與的狗糧種類和份量是否適合呢？大致上可以由幼犬的發育狀況來作判斷。

因此，一個星期測量1次體重，就能輕易知道。就算看起來似乎吃得不錯，但是和前次測量時相比，體重並沒有增加的話，就可以認為給與狗糧的熱量和營養上，並不適合這隻狗狗。

除了量體重，也可試著檢查被毛色澤的狀態。如果覺得比以前失去光澤，就有可能是必須的營養成分不足。

還有，試著用指腹觸摸愛犬肋骨附近，看看是否削瘦？如果碰觸的時候，肋骨顯得凹凸分明，就可以判斷為削瘦。

狗狗的食量雖然不大，但是活力十足，體重也順利增加，那就只是單純的食量小，並沒有問題。一般人總認為幼犬就該吃個不停的，其實其中也不乏食量小的狗狗。

如果接回家2～3個星期後，還是吃得不好，體重也沒有增加，就有可能是疾病造成的。只要有一點點不放心的情況，還是去動物醫院詢問看看吧！

零食準備
1～2種即可

犬用的零食種類五花八門，不自覺就想給狗狗吃的心情是可以理解的。不過，基本上還是把零食當成訓練用獎勵品的程度就好！最多準備1～2種左右就可以了。因為如果給與太多種類的零食，可能會完全不吃狗糧。為了避免營養失衡，讓愛犬吃狗糧是重要的。理想的作法是，使用狗糧作為訓練的獎勵品。

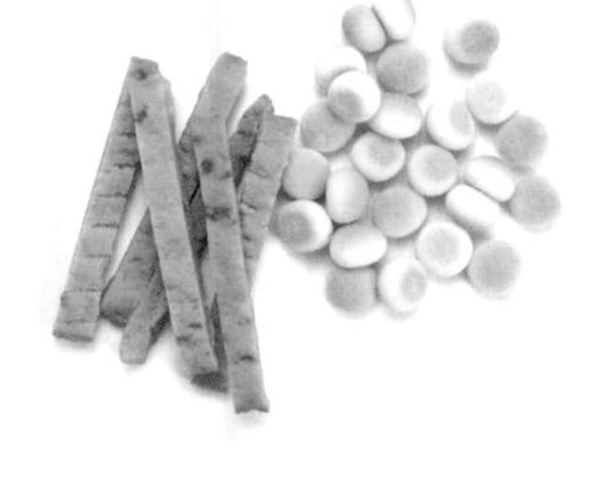

和愛犬快樂地散步

——有為生活帶來刺激的任務

●散步不只是運動量而已，身心健康上也有重要任務

對犬隻來說，在家中過生活，總是容易運動不足，散步時間因而變得很重要。博美狗因為是小型犬，若是肥胖會很危險。必須藉著散步來獲得充分的運動量。而且，陽光可以促進有助於鈣質吸收的維生素D生成。想要形成強健的骨骼，曬太陽以生成維生素D是不可欠缺的，對於防止老化也有幫助。

◆接受刺激，可促進社會化

不只如此，外出可以獲得和在家中無法看見的各種事物接觸的機會，從中獲得許多的刺激。例如；飼主以外的人、其他的犬隻、汽車、摩托車、工地現場的聲音等。習慣這樣的刺激，是作為社會化一環上非常重要的。同時，接觸外面的氣味和空氣，也可以重新提振身心。

◆加深飼主和愛犬的關係

最重要的是，散步是愛犬和飼主之間珍貴的感情交流之一。和可愛的愛犬一邊欣賞四季風景之樂，一邊散步，信賴關係也會越來越深厚。博美犬雖然不是需要長時間散步的犬種，但若有多餘的時間，不妨創造出各種消遣的方式，像是到公園玩耍之類。

散步的優點

- 感受外面的氣味和空氣，可以讓身心煥然一新。
- 接受家中沒有的刺激，形成社會化。
- 優質的熱量消耗。
- 加深飼主和愛犬之間的關係。

習慣項圈

初次散步的時候，突然要幫牠戴上項圈，有些狗狗可能不願意。先進行「戴項圈=有快樂的事」的訓練，才能放心。

將愛犬關入圍欄中。

先準備較耐吃的獎勵品，讓狗狗啃咬。

在狗狗啃咬時幫牠戴上項圈。剛開始時，建議使用容易穿脫的皮帶扣式項圈。

項圈戴好後，讓牠從圍欄中出來玩。狗狗會學習到「戴項圈=有快樂的事」。

讓狗狗回到圍欄中，一邊讓牠啃咬獎勵品，一邊取下項圈。

幼犬期必須做的事

幼犬第2次的疫苗注射完成後，才可以帶牠出去散步。不過，在正式的散步之前，有必須做的事，就是以下的2點。一、可以從幼犬來到家中開始，就抱著牠散步。二、讓牠感受各式各樣的聲音和氣味。但必須注意，不要讓牠下到地面。還有，疫苗接種完成後，就盡快帶出去散步吧！

抱著散步

疫苗接種前的幼犬處在重要的社會化期，在外面時，不要讓牠下地，而是抱著散步，讓牠可以習慣形形色色的刺激。

抱著散步時，最好讓牠有許多快樂的感覺。例如：從飼主以外的人獲得零食之類。不過愛犬如果是害羞的類型，就不要勉強，只要抱著散步就OK了。

建議的散步

◆散步的時間和距離，請配合各個家庭的飼養方式和愛犬的身體狀況來調整。如果是喜歡走路的博美犬，長距離行走也OK。

◆比起每天都走相同的路線，最好準備幾條不同的路線，今天走這邊，明天走那邊，這樣可以經常帶給愛犬新的刺激。

◆博美犬是非常怕熱的犬種，不可在酷熱的時間帶牠去散步。夏天時，最好在早晨或是晚上再出去。

◆小型犬的博美犬是氣管細、呼吸容易喘的犬種。最好帶著水出去，方便經常幫牠補充水分。

散步攜帶物品一覽表

- 排處理排泄物的塑膠袋。
- 面紙、衛生紙。
- 水（飲用、處理排泄物用）。
- 零食之類的獎勵品。
- 如果在公園玩，就要準備長牽繩。
- 飲水用的容器

等等

開始出去散步後

初次散步，先從人和犬隻較少的時間開始吧！如果狗狗不喜歡柏油路，從公園的草地或土地上開始也OK。幼犬期散步的時間大概大概可以維持15分鐘程度。這個時候如果勉強牠走或是硬拉著走，可能讓牠變得討厭散步。飼主不妨稱讚愛犬，讓牠以愉快的心情快樂地走路。

正確的牽繩持法

某些狗狗容易興奮，有拉扯牽繩的壞習慣，請將牽繩確實地掛在手腕上，以免被拉扯時脫落。

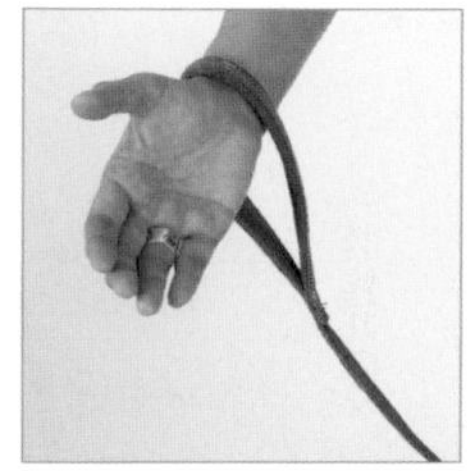

1 將牽繩的手持部分掛在手腕上。

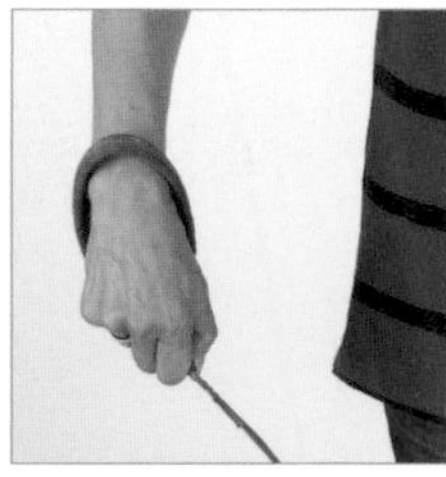

2 轉動手腕，拿住牽繩。如此就算狗狗突然跑動起來，牽繩也不會從手上脫落。

3 用另一隻手握住牽繩。這樣可以利用這隻手握住的部分，來調整牽繩的長度。想讓狗狗較自由，就把繩子放長些；想讓牠跟在身邊，就拿得短一些。

常見的散步問題

狗狗用力拉扯

有些狗狗散步一興奮起來，就會用力拉飼主，在危險較多的場所，最好將牽繩拿得短一些，讓狗狗無法拉扯。
注意：博美犬是容易呼吸不順的犬種，過度用力拉扯會有危險。

嗅聞氣味太久

嗅聞氣味是犬隻的本能之一，不需要完全中止。但在安全無法確認，或是不希望牠嗅聞的場所，最好將牽繩拿短，輕輕用力拉，對狗狗送出「走吧！」的信號。

經常做記號

做記號也是基於犬隻本能的行為，雖然不需要完全禁止，但是飼主必須幫狗狗判斷該場所是否可以這樣做。還有，對於周圍環境的照顧也是很重要的。例如：在狗狗做過記號的地方灑水清理。

Column

關於去勢・避孕

關於公犬的去勢、母犬的避孕，我想有很多飼主都不知道該怎麼辦才好，覺得做手術「好可憐」的人也不少。重要的是，飼主應該在充分了解去勢、避孕的相關內容之後，再作判斷。

施行去勢、避孕有各種目的。除了不繁殖幼犬，最常被提及到的，是為了預防隨著年齡增加，而變得容易發病的性荷爾蒙相關疾病。

如果是以預防疾病為目的，盡可能在這個時期施行去勢、避孕手術最為理想。

公犬的情況，最近由罹患前列腺癌的犬隻統計來看，認為大多是太早去勢的犬隻會罹癌，所以有人認為出生7個月後到未滿3歲期間施行可能比較恰當。

母犬的情況，最理想的施行時間是在出生後5～6個月左右，也就是初次發情前。雖然有個體差異，不過第1次的發情大概是在出生7個月大到1歲之間。一般認為最慢也該在第2次發情來之前施行比較好。只是，第2次的發情不知道什麼時候來，所以盡量在初次發情來之前施行會比較好。避孕可以預防母犬最常見的乳癌。在第1次發情到來之前做好避孕，預防機率是98%，第2次發情前也有95%。但是，第2次發情以後才做避孕，一般認為乳癌的病發率和未避孕的機率是差不多的。此外，不只限於乳癌，也可以預防其他的疾病。

只是，不管怎麼說，以預防疾病為目的的去勢、避孕，都是對健康的犬隻進行手術，所以絕對不能留下後遺症，而這就必須靠施行手術的獸醫師技術了。

為了辨別對方是否為可信賴、可委託手術的獸醫師，可以試著詢問對於去勢、避孕手術的想法，或是至少能讓心中的疑問得到解答。

總之，在守護愛犬上，事先獲得和去勢、避孕相關的正確知識是最重要的。

公犬的情況

優點

- **預防將來的疾病**
  睪丸腫瘤、前列腺肥大、會陰疝氣、圍肛腺瘤等。
- **性格變得沉穩**
  雖然有個體差異，但一般來說，攻擊性會降低，變得沉穩。

缺點

- **被毛可能發生變化**
  視犬種和個體差異，有些犬隻會改變原來的毛質。
- **變得容易肥胖**
  因為賀爾蒙代謝改變，所以脂肪和肌肉的代謝也受到影響，變得容易肥胖。

母犬的情況

優點

- **預防將來的疾病**
  除了乳癌，還有卵巢癌、卵巢囊腫、子宮蓄膿症等。
- **沒有發情期的出血**
  不只是沒有發情伴隨的出血，也沒有行為變化，所以全年都可穩定度過。

缺點

- **變得容易肥胖**
  一般認為，比起公犬，母犬更容易受到賀爾蒙代謝帶來的影響，容易肥胖。
- **手術必須剖腹(※)**
  母犬要剖腹，所以手術後的恢復，需要比較長的時間。

※最近有越來越多的醫院採用低侵入性的腹腔鏡手術。優點是疼痛極小，恢復也快，缺點則是費用稍高。

4

和成犬的生活方式

為你介紹飲食、外出等和成犬生活必須注意、知道的事情。也試著將容易發生的問題整理出來。

成犬的飲食

將飲食內容轉換為成犬用的食物

飲食的次數設定為1日1～2次

狗狗出生11個月大後，曾經快速發育的骨骼成長停止了，變成成犬該有的體格。

所以，從牠出生10個月到1歲時，要將之前給與的幼犬用狗糧，轉換為成犬用的。

轉換的時候，不要一下子全部更換，而是將成犬用狗糧一點、一點混入幼犬用狗糧中，仔細觀察愛犬的情況，是否出現下痢或嘔吐等。如果沒有問題，再慢慢增加成犬用狗糧的比例來進行轉換。

飲食的次數，1歲大以後，1日1次到2次都沒有關係，可以配合飼主的生活型態來決定。

還有，給與飲食的時間以散步回來後較為理想。因為吃過後立刻讓牠運動，有發生胃扭轉的風險。如果要在飯後散步，最好是經過1～2個鐘頭之後再去。

不要一直放著，以1小時作為收走的標準

食物基本上是不可以一直放著的，就算沒有吃完，也要以1個鐘頭作為收走的標準。因為如果一直放著，就會讓狗狗養成愛什麼時候吃才吃，或是邊玩邊吃的習慣。

狗糧的種類

依照含水量，分成以下類型。

溼糧

水分在75%左右。嗜口性高，最好和其他的飲食並用。

半溼糧

水分在25～35%左右。和乾糧比起來，價格稍高，保存性也較差。

乾糧

水分約為10%。營養均衡，保存容易，價錢也適合。

如果是自己烹調食物，須注意營養的均衡

如果要親自烹製食物，請好好研習犬隻的營養需求。不過，為了災害避難時的需要，讓狗狗願意吃狗糧也很重要。還有，如果是在狗糧上加料，像是肉、魚或蔬菜等，為了避免破壞狗糧的營養均衡，份量應該設定在所有飲食的1成左右。

一年1次試著重新評估飲食的內容

不管是狗糧，還是親自烹調的食物，要知道給與的飲食內容是否適合，重點是仔細觀察愛犬的樣子。

食物如果不適合，狗狗可能出現某些異常，例如：肝臟或腎臟毛病、皮膚病等。

雖說看起來健康，也愉快地進食，可是骨骼或內臟的異常，單憑外觀是難以發現的。因此狗狗1歲大之後，一年需做1次的健康檢查。如果可以的話，有做X光和血液檢查是最理想的，要不然至少做個尿液檢查，也能發現某些異常，例如：有沒有結石。

要注意的是，持續給與相同的食物，至今也不覺得有什麼不妥，但是，也有可能發生廠商方面變更食物配方的情況。

所以，給與的飲食內容是否適合？營養是否足夠？身體是否發生異常？最好都根據健康檢查的結果，重新評估看看喔！

預先知道不可以給犬隻的食材

人類的食物中，有些是不可以給狗吃的。否則依食用的量，可能引起嚴重的病情，必須特別注意。不可以給與的主要食物有：蔥類、巧克力、咖啡因類、葡萄、木醣醇類等。

避免肥胖

肥胖是萬病之源，需要充分運動

肥胖不只會為心臟和關節帶來負擔，也會成為引起糖尿病等各種疾病的原因。和人一樣，對於狗來說，肥胖也是萬病的根源。

骨骼纖細、屬於小型犬的博美狗，是從年輕開始就容易發生骨折的犬種。尤其需要特別注意前腳的骨折。如果變胖，相對地也容易成為腳部的負擔，因此，請避免讓牠過度肥胖。

●1歲以後要特別注意肥胖

對於狗狗來說，樂趣之一就是吃。據說，犬隻的胃袋容積是哺乳類中最大的。因此，不乏有給多少吃多少的狗狗。如果因為愛犬想吃就給食物，當然會導致牠體重增加。

成長期的幼犬，熱量代謝比成犬高，因此只要不給與過剩的熱量，健康的幼犬幾乎沒有肥胖的問題。不過，過了1歲變為成犬後，就要確實管理飲食和運動，注意預防肥胖了。

尤其是，一旦做了去勢或避孕手術，就有容易變得肥胖的傾向，所以注意肥胖問題是重要的。

避免肥胖的飲食和運動的注意點

確實進行運動，消耗熱量

藉由散步的步行，不只可以預防肥胖，也有曬太陽強化骨骼，或是增加被毛光澤等許多優點。

不減少飲食量，改成低熱量內容

因為肥胖而極端減少飲食的量，可能發生肚子餓而撿食，導致誤食的情況。想要維持體重，不是減少量，而是可以在飲食內容上花些心思，例如：將食物改成低熱量的。

檢查身體來確認愛犬的狀態

一般來說，超過理想體重的15～20％，就稱為肥胖。只是，雖說是理想體重，但就算是同一犬種，骨骼上還是各有差異。因為骨骼的大小會影響到體重，所以是否肥胖並無法只用體重來作判斷。

犬隻的情況，比較容易判明的是脊骨和肋骨、腹部等大約附有多少脂肪。參考下面的ＢＣＳ表，試著確認愛犬是哪種狀態吧！

愛犬如果有點肥胖的感覺，或是已經變肥胖了，就要減肥，不過劇烈的減肥是有害健康的。最好一邊和獸醫師商量，一邊進行配合愛犬狀態的飲食和運動管理，以循序漸進的方式幫牠減少體重。

犬隻的身體狀況評分（BCS）

犬隻依照犬種而有各式各樣的體形，難以判斷牠們是否肥胖。因此，請參考愛犬的身體狀況評分——試著實際撫摸身體，來判斷是否肥胖、是否過瘦。無法判別時，也可以到動物醫院請求診斷。和人類一樣，肥胖是引起各種疾病的原因，請飼主幫狗狗做好管理，以免過度肥胖。

BCS 1 削瘦	BCS 2 稍微削瘦	BCS 3 理想體形	BCS 4 稍微肥胖	BCS 5 肥胖
光從外觀就可以看到肋骨、腰椎、骨盆浮現。觸摸也感覺不到脂肪。明顯看出腰部凹陷和腹部上吊。	可輕易觸摸到肋骨。腰部凹陷清楚可見。腹部的上吊也很明顯。	稍微有點脂肪，但可輕易觸摸到肋骨。腰部凹陷和腹部上吊也都可見。	可以摸到肋骨，但是外觀看不出來。幾乎看不到腹部的凹陷。	不管從側面看還是上面看，都附有脂肪，圓滾滾的。也都觸摸不到肋骨。

和愛犬快樂地出門

確認愛犬是否也樂在其中

判斷愛犬是否喜歡外出

最近會和愛犬一起開車出去兜風或是旅行的飼主越來越多，或許是因為「愛犬是家人之一」的想法已經生根了吧！

不過，和愛犬出門前，有些事情是必須注意的。首先，愛犬是否屬於能夠享受外出樂趣的性格？就像有喜歡居家的人一樣，犬隻中也有不喜歡待在人多或是吵雜場所的狗狗。勉強這種性格的狗狗，不論是飼主還是愛犬，都無法獲得樂趣。儘管博美犬是友善、適應力高的犬種，但其中還是有不喜歡外面的狗狗。所以，想要帶出門前，先考慮一下狗狗的性格吧！

◆顧慮到也有討厭狗的人

其次，顧慮周圍環境。例如：外出所到之處也會有不喜歡狗的人、狗狗亂吠或亂跑是NG的。因此必須先進行社會化，讓狗狗習慣各種事物。如果是容易興奮的性格，得讓狗狗學會冷靜才行。要是愛犬的壓力顯得過大，請將不外出列入選項。

還有，飼主不清理排泄物也是一個問題。狗狗排泄物的處理，一定要確實做好。

最後，留心愛犬的身體狀況，尤其博美犬是非常怕熱的犬種，盛夏絕對不可勉強牠外出，或是全無休息的開車兜風。

外出的禮儀

- 排泄物一定要帶回家。
- 如果有吠叫或猛撲的可能性，飼主必須確實管理好。
- 避免脫落的毛、口水等弄髒周圍環境。

外出前必須知道的事項

- 愛犬是否屬於能夠享受外出樂趣的性格？
- 愛犬的身體狀況是否沒有問題？

外出的方法

和愛犬外出，有各式各樣的方法。例如：搭乘大眾交通工具時，必須使用手提袋、手推車。由於各個交通機關的規約不同，所以外出前，要先查清楚自己想利用的交通方法。

手推車

不只可以載愛犬，還可以載行李，很方便，也適合飼養多隻狗的家庭。在人多的地方必須注意操作。還有，讓狗狗探出身體是危險的，這方面必須注意。

手提袋

因為愛犬和飼主的距離變近了，有讓愛犬容易安心的優點。有些公共交通機構，可能有連臉都必須藏在袋中的規定。

開車兜風的注意事項

和愛犬一起外出，最多的大概是利用汽車移動吧！最需注意的是面對酷熱的對策。夏季開車兜風時，請務必讓空調充分循環。

休息

和愛犬一起開車兜風，需要經常休息。理想的是以2～3個鐘頭休息1次，不過還是要視愛犬的身體狀況而定。可以讓狗狗到外面走一走，或是去如廁。

正確的乘坐方法

除了手提狗箱，還有汽車座椅安全箱、座墊等品項。採取不會干擾到駕駛、愛犬能夠舒適度過的乘坐方法吧！

暑熱對策

夏天開車兜風，即使只有5分鐘，也不能關掉冷氣。也可以使用保冷劑或冰涼墊，不過最重要的還是冷氣，請務必確認犬隻乘坐的地方夠涼爽。

預防暈車

想要讓狗狗習慣車子，重要的是從幼犬開始就累積乘坐經驗。例如：去附近的公園玩就可以搭車，盡早讓牠體驗。愛犬如果是容易暈車的體質，可向跟獸醫師諮詢看看。

成犬常見的問題處理方法

問題要解決到什麼程度全視飼主而定

成犬後才有的問題也能解決

幼犬時的訓練如果沒有完成或是不夠充分，成犬後就很容易出現「困擾的行為（問題）」。還有，當訓練的方法不適合該犬隻時，也容易出現問題。

那麼，成犬出現問題行為時，是不是就無法改善了呢？若是從結論來說，分為有能夠處理的情況和無法處理的情況。

◆吠叫的問題要確認原因

成犬最常見的就是吠叫問題。不過，是因為害怕而吠叫？還是因為興奮而吠叫？處理的方法也會不同。如果是因為害怕而吠叫，重點是要讓牠能夠適應，覺得不可怕，膽識可以增加到什麼程度，全依犬隻的性格而定。難以習慣的犬隻，可能就必須考慮改變生活方式，例如：讓牠避開恐懼的對象。

還有，對於其他的犬隻或人，有時會出現吠叫或是攻擊性的行為，原因雖然各式各樣，不過若是打從心底的恐懼，就必須進行社會化。如果想盡辦法都無法習慣，那麼，改變散步時間的處理方式就會是必要的了。

◆向專家諮詢也列入考慮

這裡介紹的是成犬常見的問題處理方法，但卻未必適用於所有犬隻。如果覺得不適合愛犬，就中途停止，試著尋找其他的方法。

愛犬的問題可以解決到什麼樣的程度，全取決於飼主的判斷。可是，如果對周圍帶來困擾，或危及飼主、愛犬，最好將諮詢專家列入考慮。

對著對講機吠叫 對著動靜或聲響吠叫

對講機一響起，就給牠益智玩具

對於對講機有反應，會吠叫的犬隻很多。吠叫若是暫時性的，很快平靜下來，應該沒有太大的問題。如果覺得在意，不妨試著讓對講機和好的事情連結在一起。例如：當對講機響起時，用裝入獎勵品的益智玩具，將狗狗誘導到決定好的場所。反覆這樣做，當狗狗學習到對講機=益智玩具出現，不久後就會自主性地移動到決定好的場所。如果是在公寓，狗狗會對走廊的動靜或是聲響有所反應地吠叫，同樣的處理方法也是有效的。

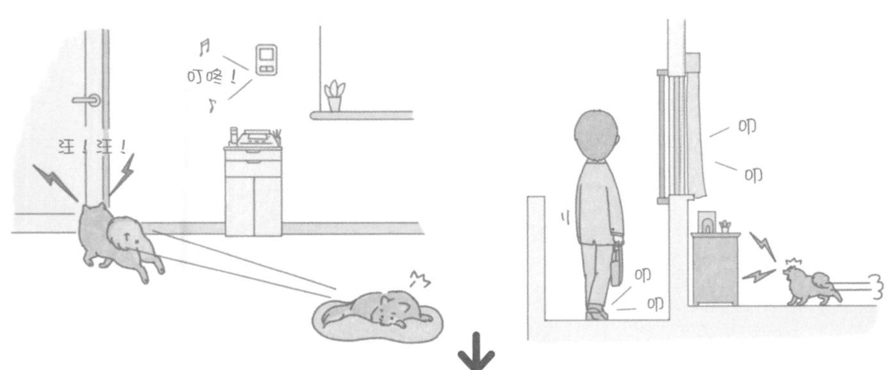

建議的處理方法

1 對講機響起，狗狗有反應。

2 使用益智玩具將狗誘導到決定好的場所（床鋪或圍欄等）。

3 趁著狗狗沉迷於益智玩具時，前往對講機回應。如果是對聲響或動靜吠叫，就讓牠玩益智玩具，直到聲響或動靜遠離。

② 對著他人或犬隻吠叫 向他人或犬隻猛撲過去

在對對象有反應前，用獎勵品轉移牠的興趣

散步中，愛犬對他人或犬隻採取或是吠叫或是猛撲的行為，會對對方和周圍造成困擾。可以在事情進展到狗狗對對方感興趣之前，先拿出獎勵品到牠的鼻端，吸引牠的注意。飼主必須了解控制愛犬的視線。

散步中，準備比平常高級的獎勵品，讓愛犬的興趣變成「獎勵品＞其他的犬隻和人」。此外，飼主如果提前發現狗狗可能會吠叫的對象，不妨趕快做迴避。擦身而過之後，就給牠獎勵品。

建議的處理方法

① 發現愛犬可能會吠叫的對象，拿出獎勵品到狗狗的鼻端。

② 避免視線朝向對方地誘導狗狗擦身而過。

3 經常撿食

調整牽繩的長度，讓狗狗的嘴巴吃不到

博美犬的好奇心強，經常對掉落的東西表現興趣。預防方面，首先將牽繩持短，物理性地不讓狗狗的嘴巴接近掉落的東西。只要如p.66所寫的方法拿牽繩，就可以用左手調整牽繩的長度。

當狗狗好像要向掉落物走過去時，馬上牢牢地將牽繩持短，不要讓狗狗的頭朝向下面。輕輕拉扯牽繩2～3次，如果愛犬看向飼主，就稱讚牠，催促牠行走。

建議的處理方法

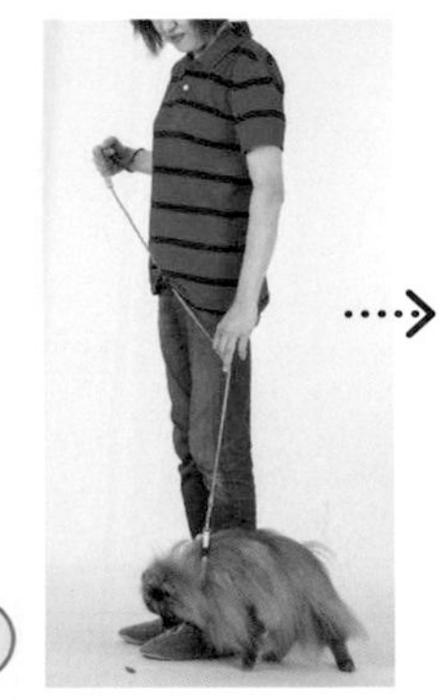

1 將牽繩持短，不要讓狗狗的嘴巴靠近掉落物。

2 輕輕拉扯牽繩2～3次，向狗狗發出「走吧」的信號。

3 狗狗將意識轉向自己這邊後，就保持這樣通過。

守著東西或場所發脾氣

試著給與其他吸引興趣的東西

有些狗會執著於自己的餐具、喜歡的睡覺場所。當執著的程度太超過，飼主想要收拾餐具或是想要讓牠從睡覺場所移動時，便會出現攻擊行為，那就是問題了。有效的處理方法是：趁愛犬離開對象物的時候採取行動。例如：如果是餐具，就趁著狗狗正在玩其他益智玩具或其他東西的時候收拾。守著場所時也一樣，利用愛犬喜歡的益智玩具或物品，將牠誘導到其他場所。

建議的處理方法

如果守著場所或餐具，就準備益智玩具或其他可以吸引狗狗注意力的東西。

② 讓愛犬移動到益智玩具處。

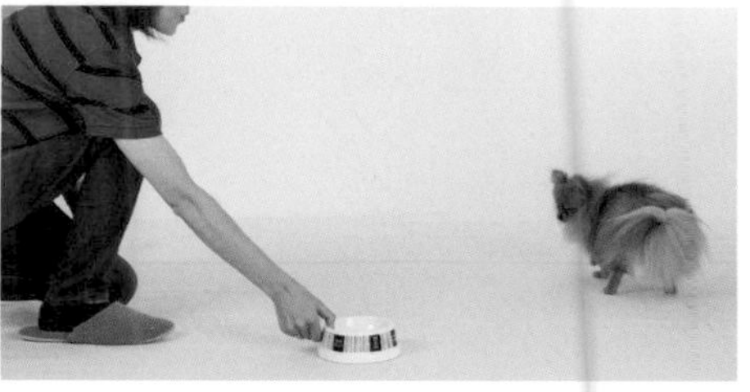

③ 趁愛犬完全投入在益智玩具中的時候，收拾餐具。

 一摸身體就生氣

一邊給牠吃比較高級的獎勵品，一邊撫摸牠

大多數的博美犬都是友善的，不過也有敏感的類型，有些突然被人碰觸，會感到害怕。如果有被打之類對人的手部感到厭惡的經驗，也可能會討厭人的手……。總之，大前提就是不要做那樣的事，而且，最好是從小就讓牠習慣被人撫摸整個身體。

如果已經是一摸就生氣的狀態，處理的方法是：一邊給牠吃較高級的獎勵品，一邊反覆地稍微撫摸牠的身體。不過，只要狗狗一出現討厭的樣子，就得立刻住手。即使只是一點、一點地撫摸，還是可以逐漸擴大愛犬願意接受撫摸的範圍。

建議的處理方法

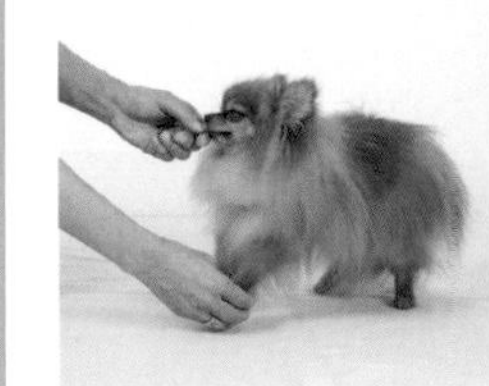

給愛犬吃喜歡的獎勵品。建議使用可以又舔又咬，以及能夠長時間食用的零食。

趁著狗狗正在吃的時候，慢慢地撫摸身體。牠一出現不喜歡的樣子，馬上停手。

其他的問題

咬周圍的人

狗狗咬人，一定有原因。例如：有人對牠做了牠不喜歡的事、被人摸到身體的疼痛處等許多種原因。遇到這樣的情況，先試著找出原由吧！狗狗咬人前通常會出現皺眉、吼叫等行為。如果牠開始吼叫，就先遠離牠，然後採取預防對策。請將諮詢專家也列入考量。

在狗狗運動場追著其他犬隻跑來跑去

這是想要和其他的犬隻玩，卻無法好好邀請的典型。雖然沒有惡意，卻會對對象犬隻和飼主造成困擾。在愛犬能夠平穩地和其他犬隻打交道前，還是少帶牠去狗狗運動場為宜。

有訪客在時，拚命吠叫，就算訪客來了好幾次仍然無法適應

如果會對訪客一直吠叫，大多是因為根底存有恐懼。與其一直勉強牠置身在壓力中，不如採取在訪客來到前，帶牠到其他房間這樣的處理方法。重要的是，不要讓狗狗反覆吠叫。

交配・生產請慎重考慮

請理解繁殖是伴隨重大責任的事情

●先充分思考 為什麼想要幼犬

看著可愛的愛犬，就想要愛犬的寶寶，這樣的飼主應該不少吧！這種心情也是可以理解的。只是，不管生下的小狗多麼幼小，都是一個寶貴的生命。請充分思考，你是否能對這個生命善盡責任？

會生下多少隻幼犬，視母犬個體而異，平均一胎約為2～3隻。而生下的幼犬是全部自己飼養呢？或是有其他想要幼犬的人？不過，即使找到想要幼犬的人，如果沒有滿足動物處理業登錄的必要條件，還是沒有辦法販賣剛出生的幼犬。

還有，也必須考慮母犬的狀況。懷孕、生產伴隨著各種風險，有可能出現生產時必須做剖腹手術的情況。

●必須充分研習犬種標準

純血種的犬隻，依照各自的犬種標準（參照第18～19頁），有各自的姿態規定。

專業的繁殖者為了守護該犬種，在努力保留純正血統和育出接近標準體形的理想幼犬上，做了各方面的學習。

就算是業餘繁殖，最好也能具備相當的知識。

確實知道不能讓牠生產的狗狗

不管多麼可愛，還是有不適合繁殖的狗狗。以下的情況，請放棄做交配。

●太嬌小的犬隻

從標準尺寸來看，身體明顯過度嬌小到生產會有困難的狗。

●繼承標準體形上，被禁止繁殖的犬隻。

●有遺傳性疾病的犬隻

考慮到幼犬的將來，有遺傳性疾病的犬隻請避免繁殖。

●有慢性疾病的犬隻

生產對犬隻來說是耗費體力的，交配前一定要做健康檢查。

希望交配・生產之前要先做確認

照顧母犬和幼犬的環境是否已經完備？

母犬生產時，可能需要照顧牠，所以飼主需要確認是否能夠陪在身邊？如果是剖腹生產，就必須帶到動物醫院。還有，母犬如果不照顧出生的幼犬，就必須由人來授乳1個月。生產後的情形也需要考慮，請確認是否已經整理好能夠進行各種照顧的環境了。

先到動物醫院檢查健康狀態

請先帶愛犬至動物醫院，好好診斷牠的健康狀態，詢問讓牠交配、生產是否適宜？有沒有遺傳性疾病或慢性疾病？還有，也是為了交配對象著想，一定要先接受預防傳染病的疫苗接種，也要先做好寄生蟲和跳蚤、蟎蟲的驅除與預防。

試著向可以信賴的繁殖者詢問交配相關事宜

千萬不要因為朋友的狗很可愛，就輕易地決定交配對象。考慮到幼犬的將來，也為了母犬的健康生產，必須慎重挑選交配對象。最好尋找詳知博美犬的繁殖事務、可以信賴的繁殖者，向他諮詢吧！

Column

可以從身體語言推測出狗狗的心情

除了表情，行為和態度也會表現出狗狗許多的喜怒哀樂，以下為你介紹主要的身體語言。

搖尾巴

狗狗情緒高漲的時候會搖尾巴。如果以笑嘻嘻的表情與高采烈地靠近過來，可以認為正處在喜悅之中。如果站著不動，出現臉部僵硬、眼睛睜大直視的表情，有可能是因為緊張或害怕而搖尾巴。這個時候要是以為「正在喜悅之中」而靠近牠，可能會讓牠更加害怕。請試著仔細觀察愛犬的情況以及表情吧！

頻頻眨眼睛

第一個要想到的是，眼睛是不是進了塵垢。還有，也可能是狗狗覺得太陽或燈光太刺眼了。

但是，若是散步中遇見其他犬隻時頻頻眨眼睛，就是「我沒有敵意」的安撫信號、是抱持友好心情的信號。不過相反地，也有可能是想讓自己的緊張緩和下來。還有，被其他犬隻盯著看、被陌生人圍繞時等的情況，也會出現這個動作。

耳朵向後傾倒

到友人家玩，狗狗的耳朵就會緊貼地向後倒……。這個時候請試著觀察耳朵以外的動作。如果嘴角上揚微笑，放鬆且雀躍地走過來，就是友好的證明，表示「我可沒有敵意喲」！

另一方面，如果嘴巴緊閉，身體顯得僵硬的話，就是壓力的信號，表示牠正忐忑不安或是覺得有點害怕。

博美犬的耳朵往往隱藏在被毛中，難以看到，所以很容易失察，必須仔細看才能看出往後倒，要多加留意些。

打呵欠

人在想睡或是洩氣的時候會打呵欠。不過，狗狗的呵欠可能有其他的涵義。例如：在動物醫院的候診室頻頻打呵欠，是為了忍耐不喜歡的事而出現的轉移行為、是感覺到壓力的信號。

此外，也有些狗狗受到飼主斥責時會打呵欠。這也可能是「我對你沒有敵意，請不要生氣」的安撫信號。

當然，也有剛睡醒時單純想讓頭腦清醒的打呵欠。飼主想要了解狗狗，請仔細觀察前後的狀況來作判斷。

撓身體

和「打呵欠」一樣，也有可能是壓力信號。如果是在初次前往的場所或是和人會面時頻繁撓身體，也許是想要和緩緊張。若是在訓練中出現撓身體的動作，或許是狗狗已經感到厭煩了。

另外，如果是一天到晚都在撓身體，就有可能是皮膚有異常，這方面必須注意。

※犬隻有個體差異，所以也有些狗狗並不符合上述的身體語言。

5

美容的基本和每日的照顧

梳毛和刷牙等成為每日的習慣，對於愛犬的健康也是重要的。為你介紹美容和每天的保養。

每日的保養和美容照顧

重要的是習慣化

日常性的美容是重要的！

想要讓博美犬的被毛保持蓬鬆，必須每天梳毛。除此之外，每天觸摸、檢查身體和被毛，也是能夠發現皮膚有無問題或其他身體異常等的最佳機會。而且，美容時間也是和愛犬做感情交流的時間。還有，想讓愛犬習慣身體被人碰觸，每天的美容也是絕佳的機會。如果可以讓狗狗習慣被人觸摸，假設要到醫院診察時，也比較能順利進行。就算只有短時間也無妨，盡量養成每天幫狗狗梳毛和檢查身體異常的習慣吧！

美容必須準備的東西

每日美容需準備的物品，有梳子和牙刷、指甲剪、洗毛精等。就博美犬來說，使用針刷、針梳、排梳等，比較容易進行梳毛。

指甲剪有套入式和剪刀型，都很容易使用，所以挑選任何一種都可以。不過，人用的指甲剪可能無法好好幫愛犬修剪，反而會造成牠趾爪破裂，還是準備寵物用的指甲剪吧！

至於牙刷，目前有各種類型的牙刷販賣，最重要的是從小開始就讓狗狗習慣刷牙這件事。長到成犬後，才突然想要開始，是很難做好的。

預先準備的東西

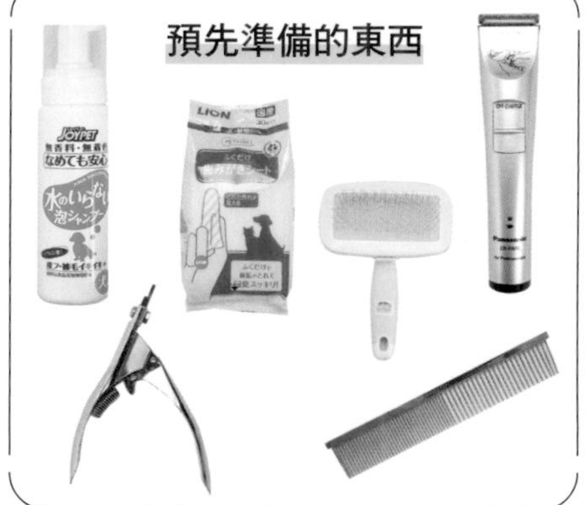

保養的重點

臉部周圍的保養

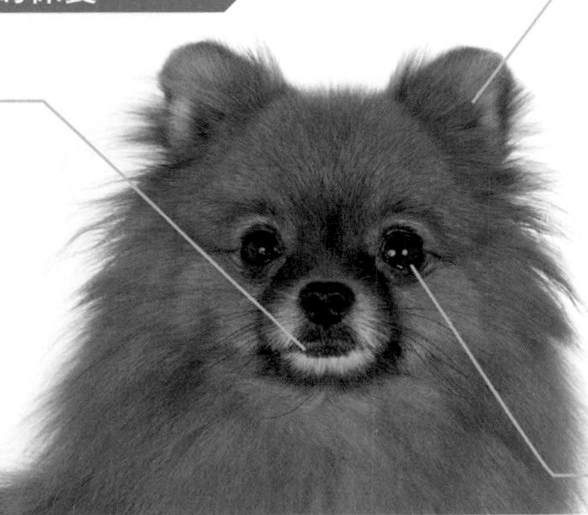

嘴部

嘴巴周圍的毛沾附到食物殘渣或唾液時，會形成毛球。還有口中也要定期查看，檢查是否有牙結石堆積。

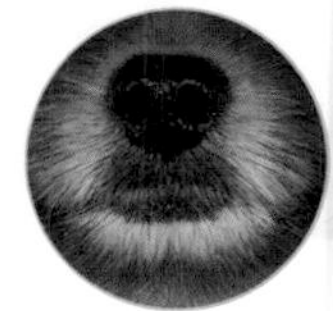

耳朵

不需要每天擦拭，但是要定期檢查耳中是否髒汙，確認有沒有耳蟎或異臭。

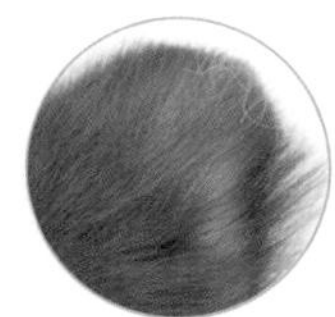

眼睛

被毛可能因為眼屎的影響而變色。可以用毛巾擦拭，確認眼睛是否有疼痛的樣子，或是有眼屎變多之類的。

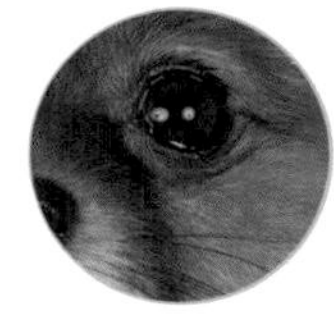

身體周圍的保養

背部

一邊梳毛，一邊觸摸、檢查是否有不自然的掉毛或發炎、傷口、硬塊等。

腹部

容易發生皮膚炎的部位，要檢查皮膚有沒有變紅，例如：溼疹。尤其是腳與腳之間的部分很容易漏查，要仔細確認。

腳部

不只是爪子和蹠球部分，腳趾間也不要忘了經常檢查。尤其是出去戶外後，要確認是否有蟎蟲之類的東西附著。

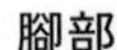

臉部周圍的日常保養

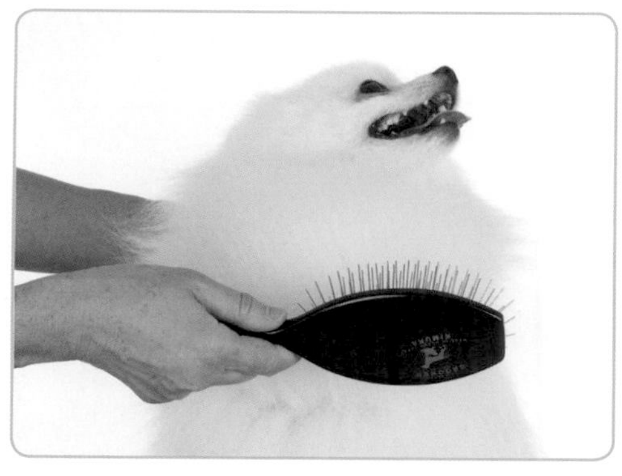

梳毛

使用針刷或針梳進行梳毛。尤其是最容易被食物殘渣弄髒的胸部，最好勤加梳毛，以免形成毛球。

擦拭眼部

眼部是容易受眼屎或淚水影響，造成毛色變色的地方。尤其是毛色明亮的博美犬，更是明顯，所以要經常擦拭。如果使用溼紙巾，請使用對眼睛刺激較少的。

刷牙

如果從小就讓狗狗習慣刷牙，就能夠沒有抗拒地完成。牙結石過度堆積時，不要硬刷，還是帶到動物醫院去除吧！

身體周圍的日常保養

梳毛

想要保持蓬鬆輕盈的造型，梳毛是必須的。不只背部，腹部周圍和尾巴也不要忘了。有些部分要逆毛梳理。

檢查腳底的毛

如果是室內飼養，當腳底的毛長得過長，會變得容易滑倒，成為關節損傷的原因，請定期幫愛犬剪毛。

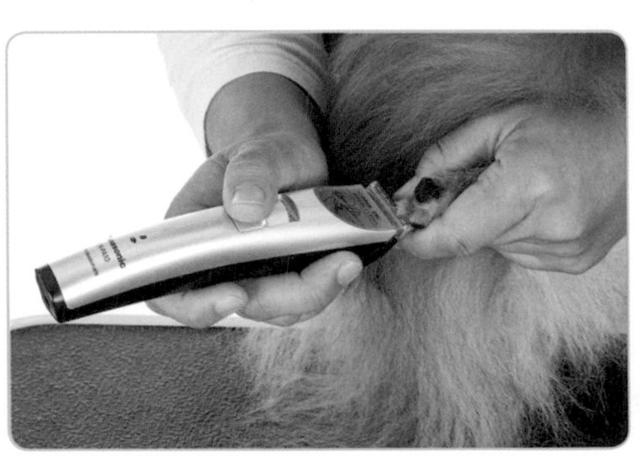

這個部分也不要忘了經常檢查！

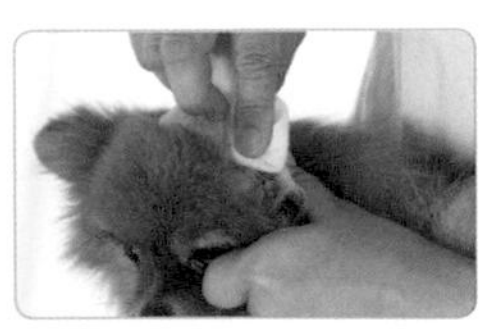

耳朵內部

耳朵內部也要定期性地查看，如果髒汙，就使用紗布或毛巾等輕輕擦拭掉，也可以使用市面上販售的耳朵清潔液。髒汙嚴重的狀態如果持續，就有可能是受到外耳炎或皮膚炎、耳蟎的影響，請帶到動物醫院就診。

剪趾甲

散步時會將爪子磨損掉，但若過長，可能發生折斷的情形，所以必須定期修剪。只是，不熟練也可能發生剪得太過深入、出血的情況。如果覺得不安，還是送狗狗到動物醫院或是寵物沙龍修剪吧！

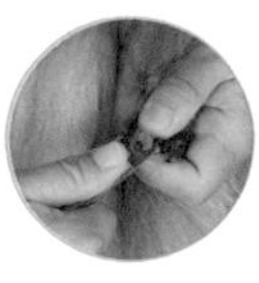

洗澡和吹乾

嚴禁半溼半乾。請確實吹乾

●專美之的洗澡

犬隻的被毛和皮膚，與人類的頭髮性質不同。因此，如果使用人類用的洗髮精或肥皂清洗犬隻的身體，被毛或皮膚可能受到傷害。幫狗狗洗澡的時候，應該使用犬用的洗毛精。

還有，洗澡的頻率也不必像人一樣每天清洗。大約2個星期洗1次的就足夠了。太常清洗，將皮脂完全洗掉，可能造成被毛的損傷，必須注意。臀部和腳部等容易弄髒的部位，可以只針對該部分做清洗。

洗澡時，先充分梳毛，將髒汙去除掉。這個時候如果一邊使用吹風機一邊梳毛，將空氣送入毛中，可以讓洗毛精更容易浸透。此外，不要直接將洗毛精原液抹在身體上，而是應該將洗毛精倒入洗臉盆，用水稀釋後打出泡沫，再將泡沫抹上，這樣可以減少對皮膚的刺激，也更容易清洗。

清洗的順序

清洗犬隻身體的順序是：先從腳部，接著身體，然後頭部。沖洗的時候，若能依照頭部到身體，然後腳部這樣的順序沖洗，就不容易發生洗毛精沒被沖洗到的情況。還有，如果是怕水或是討厭洗澡的狗狗，不要一下子就使用蓮蓬頭，可以先在牠身體上覆蓋毛巾，再慢慢將毛巾弄溼。最好漸漸地讓牠習慣水和清洗這件事，避免讓牠受到驚嚇。

博美犬的吹乾

清洗犬隻的身體，最重要的是清洗後確實將身體弄乾。依照身體的部位，犬隻的被毛和皮膚有容易弄乾和不容易弄乾的部分，想要弄到全乾，意外地費時。建議使用吸水性強的毛巾和吹風機，確實地幫狗狗弄乾吧！如果任由被毛處在半乾狀態，雜菌容易孳生，可能為皮膚帶來傷害。想要避免這種情況，就必須完全弄乾。

每次幫狗狗洗好澡後，首先使用毛巾，盡量將水分擦拭掉。水滴會由上往下滴落，所以擦拭的時候也要從身體的上方往下擦拭。等水分擦得差不多後，再使用吹風機吹乾。吹的時候，剛開始使用強風，順著毛流吹，讓水分飄散地逐漸吹乾。

比較難吹到的腳間和腹部周圍，可以一邊用毛巾拭去水分，一邊用吹風機吹乾。特別注意：這些部位如果一直處在潮溼狀態，容易引起發炎，所以必須完全吹乾。

吹乾到某種程度後，可以將風量轉弱，一邊用手或梳子梳，一邊做最後的確認。

此時，可先使用針刷，一邊梳毛一邊吹風。接著使用針梳，一邊檢查是否有毛球殘留，一邊完成造型。頸部周圍和胸部的整理，則需要逆毛梳，梳子的梳動方向要和風向相同。

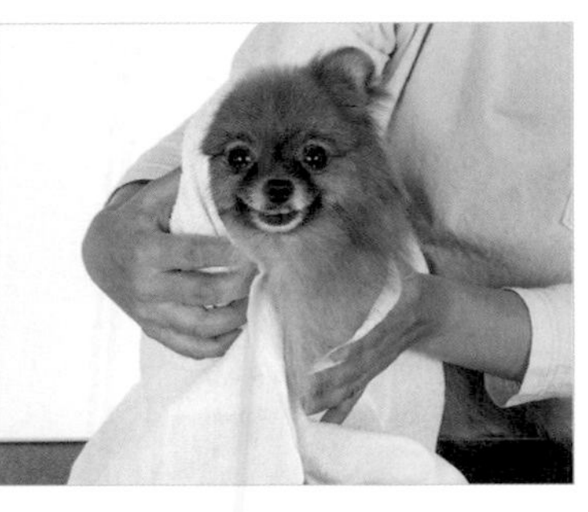

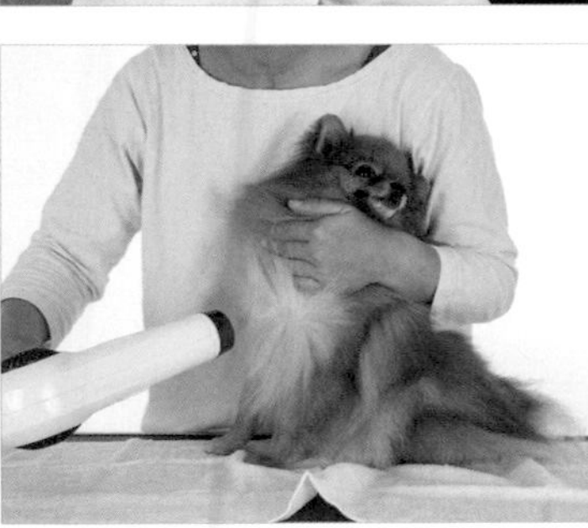

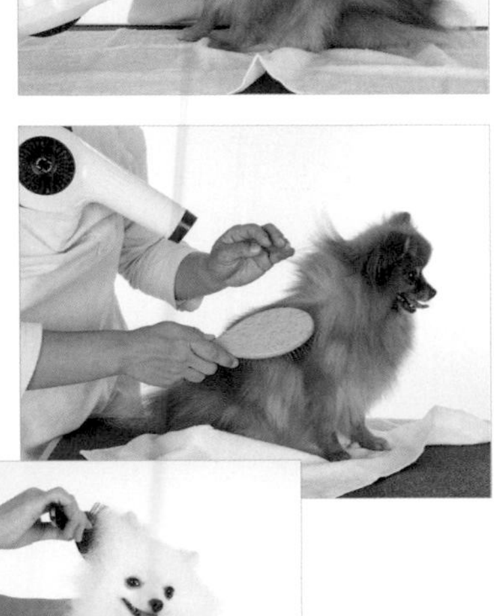

Column

寵物保險是必須的嗎？

不只限於犬隻，動物醫療每天都持續著驚人的進步。以前無法診斷、難以治療的疾病，如今已經有越來越多能夠被診斷、治療了。

托此之福，犬隻的壽命確實也比以前延長了。然而隨著動物醫療水準的提高，有時醫療費用也可能變得昂貴。

人有政府辦理的健康保險制度——國民健康保險，就醫時不必負擔所有的醫療費用。動物沒有政府的健康保險制度，所以愛犬到動物醫院就醫時的醫療費用，就必須由飼主全額負擔。

因此，希望多少能減輕負擔費用而加入寵物保險的飼主越來越多。寵物保險是任意加入的保險，依照加入的方案，可以多少獲得醫療費用的賠償，減少飼主的負擔金額。基本上，產物保險公司或小額短期保險業者都有辦理。

寵物保險也有各式各樣的種類，重點是飼主需要仔細調查後，判斷是否有必要。而且，想要加入還有年齡限制，或是健康上的條件。例如：抱病的犬隻可能無法加入。此外，隨著年齡漸增，變成老犬的愛犬可能會變得容易生病，使得醫療費用增加，這時就算想要幫愛犬加入寵物保險，可能也沒有辦法。因此，請盡量在狗狗還年輕的時候就先規畫好。

不同的保險公司和方案，醫療費用的賠償比例和保險費用也不相同。當然在動物醫院花費的醫療費用，也並非全部適用保險。避孕、去勢手術和疫苗接種等，非疾病或受傷的治療都在適用範圍外。甚至疾病或受傷的治療，保險適不適用，也都因保險公司而異，所以想要幫愛犬保險時，必須詳閱賠償內容。

還有，申請保險金的時候，也有動物醫院結帳時即扣除賠償金額的細算型，和日後由自己申請保險金的類型。申請手續的方法和保險金入帳的時間，也是依保險公司而有各種設定，所以預先確認是很重要的。

加入寵物保險的優點是：愛犬如果罹患重大疾病或受傷時，治療方式的選項會比較多。當然，如果愛犬是健康的，也可能都不會使用到保險。寵物保險是否需要，全視飼主的考量。若要加入寵物保險，最好是經過確實比較後再作決定吧！

6

和老犬的生活方式

犬隻和人一樣，年老之後就無法像年輕時一樣活動，變得越來越容易生病。這裡試著整理出和老犬的生活重點。

認識老化的徵兆

不要忽略了身體和行動的變化

老化伴隨的變化各式各樣

狗和人一樣，老化是無可避免的。老化，並非因為疾病引起，而是身體的各個部位隨著年齡自然而然衰退的情形。然後，因為老化而2次性地引發疾病的情形也漸漸增加。

一般認為，犬隻的老化從4歲左右就已經開始。只是老化導致的衰退，在年紀尚輕的時候大多不明顯。

老化導致的變化逐漸明顯，是在飼主開始輕易察覺到「總覺得眼睛好像變得白濁了」、「被毛好像變白了」等等的7歲以後。

伴隨老化的變化形形色色，依犬隻而異。至於哪個部位會最先顯現老化帶來的變化，也是各有不同。

人可以自我察覺身體的不適，以及若有什麼問題，能夠自己前往醫院。但是狗狗就算哪裡不舒服，若是飼主沒有注意到，是無法自己處理的。因此，在愛犬身邊的飼主必須多多注意愛犬的變化。

此外，有時候你覺得愛犬的變化可能是老化的症狀，但也有可能是因為生病了。千萬不要忽略了愛犬老化的徵兆，只要覺得有一點不對勁，就要盡快處理。

不能因為年紀大了沒辦法，就不作為

進入年老期，愛犬出現某些變化時，千萬不要先入為主就認定那是牠「年紀大了，沒有辦法」。變化的原因是因為老化？還是因為疾病？一定要到動物醫院就診，請醫生判斷。

隨著年齡出現的主要變化

身體的變化

最容易察覺到的是眼睛的變化。到了5～6歲就會發生核硬化，這和人類的老花眼一樣，都是老化現象之一，特徵是眼睛顯得白濁。還有，被毛也會出現變化，例如：白毛變得明顯，或是失去光澤等。而肌力一旦衰退，就會出現走路蹣跚的情形。

行為的變化

隨著老化，行為上也會出現變化。例如：和年輕時相比，睡覺時間變多；關節和肌肉一衰退，連要站起來都頗費工夫；以前飼主回到家會高興相迎，現在則沒有反應。請設法仔細觀察愛犬的行為吧！

是否出現這些情況？

- ☐眼睛內部變得白濁。
- ☐白色被毛越來越明顯。
- ☐被毛失去光澤。
- ☐毛量減少。
- ☐有背部拱起、頭部降低的傾向。
- ☐皮膚變得乾燥或是油膩。
- ☐皮膚上出現疙瘩。
- ☐撞到東西。
- ☐睡覺時間增加。
- ☐叫牠也沒有反應。
- ☐站起來變得有困難。
- ☐不再跳躍。
- ☐走路蹣跚。
- ☐如廁會失敗。

老犬的飲食和運動

為了維持健康，必須注意適當的飲食和運動

更換成適合老年期的飲食內容

想要維持愛犬的健康，必須從年輕時就開始注意飲食內容，當年紀變大後，就必須更加費心了。

到了老年期，很容易在心臟和關節等各個部位出現問題。而且，和年輕時比較起來，因為代謝能力降低，腸子的消化吸收機能也日漸低下。

飲食內容更換成含有老犬必須的營養成分，不只是為了稍微延緩老化的進行，也是為了預防高齡後日漸增加的各種疾病，因此建議給與高品質且容易消化的蛋白質。

還有，因為運動量減少，肌肉量漸漸退化，熱量代謝也會比年輕時降低。賀爾蒙疾病的症狀中，甚至有不吃都容易肥胖的情形，所以在熱量方面要特別注意。

老犬用的狗糧，不只含有均衡的必須營養成分，熱量也比較低，可以安心地食用。

如果是親自烹調的食物，就必須控制鹽分，避免重口味，並選擇低脂肪的蛋白質。例如：雞的里肌肉、脂肪較少的紅肉或白肉魚等。

狗狗食欲不振的時候，也可以將食物加熱，使氣味變得濃烈，想辦法引起狗狗想吃的欲望。

營養補充品的使用請諮詢動物醫院

包含可支援關節維持健康的軟骨素和葡萄糖胺在內，老犬用的營養補充品五花八門。只是，過度攝取也可能成為問題，所以使用時請先諮詢動物醫院。

散步盡量持續是重要的

隨著年紀變大，肌肉和關節等漸漸衰退，狗狗可能稍微走路就感到疲累不堪；和年輕時比起來，散步的時間也有變短的趨勢。

如果不散步或運動，肌肉和關節將會越來越衰退。只要愛犬身體沒有特別的問題、喜愛走路，就配合牠的步調，花一些時間慢慢跟牠一起享受散步的樂趣吧！想要盡量延緩肌肉、關節和神經機能的衰弱，走路這件事非常重要。

只是，假設愛犬心臟不好或是有關節炎等，有獸醫師禁止運動的情況，就又另當別論了。

散步中請仔細觀察愛犬的樣子，如果以前都能好好走路，現在卻走到一半就不動了，很可能是發生了什麼異常，請立刻帶牠前往動物醫院就診。

對於狗狗來說，散步不只是為了運動。家中體驗不到的新鮮空氣、風的感觸、嗅聞各種氣味，都能夠使牠轉換心情。

就算無法走路了，還是可以懷抱或是利用手推車等帶狗狗出門。作為心情轉換的散步，最好能夠盡可能地持續下去。

老年期散步的注意重點

不可勉強牠走路

身體雖然沒有問題，但是狗狗如果不想走，就抱著牠走到離家稍遠的地方，然後再讓牠走回家，這也是一個方法。因為想要早點回家而願意走路的狗狗出乎意料的多。

必須選擇天氣和時間

因為容易消耗體力，所以像是風強雨大這種天氣惡劣的日子，不要勉強外出。還有，5月之後可能會中暑，所以請在早晨或晚上外出。但是，如果是攝氏25度以上的夜晚，最好還是避免外出喔！

老犬應該注意的疾病

知道隨著年齡增加容易罹患的疾病

內分泌系統的疾病

◆庫興氏症候群

也稱為腎上腺皮質功能亢進症，因為腎上腺皮質賀爾蒙過度分泌，而引起各種症狀的疾病。主要症狀有：大量飲水、食欲旺盛而大量進食、腹肌變得鬆弛導致腹部下垂、呼吸變得稍微急促、脫毛、皮膚病難以治癒等。

從飼主來看，因為和年輕時一樣很會吃，往往感到安心，不過隨著年紀變大，食量應該多少會遞減。如果過了10歲還是很會吃，或許就該懷疑牠是否受到什麼疾病影響了。

◆甲狀腺功能低下症

這是因為甲狀腺賀爾蒙分泌不足，而引起各種症狀的疾病。主要的症狀有：變得失去活力、嗜睡、不吃卻日漸肥胖、盛夏也怕冷、脫毛、皮膚病難以治癒等。

以為愛犬老是在睡覺是因為年紀大的關係，其實也有可能是此疾病造成的。如果覺得可疑，就先帶牠去接受診察吧！

循環系統的疾病

◆二尖瓣閉鎖不全

二尖瓣是指心臟的左心房和左心室之間的兩片瓣膜，具有當心臟收縮時將心房和心室之間閉鎖，防止血液逆流到左心房的重要功能。由於某種原因，像是老化，導致二尖瓣無法閉鎖的疾病，就是二尖瓣閉鎖不全。

主要症狀有：散步變得容易疲累、清晨或半夜咳嗽、呼吸急促、舌頭泛白等。此外，急性症狀有：形成肺水腫、流口水或鼻水導致呼吸急促等明顯變得痛苦的狀態。心臟的疾病，早期發現是很重要的。

呼吸系統的疾病

◆氣管塌陷

將空氣送到肺部的氣管塌陷成扁平狀的疾病。因為無法順利輸送空氣，所以造成呼吸困難。特徵是發出如鴨子叫聲般的「嘎——嘎——」聲或是咳咳聲等乾咳。依照症狀，有吸氣時咳嗽變得嚴重的情形，和吐氣時咳嗽變得嚴重的情形。

腳部相關的疾病

◆半月板損傷

在大腿骨和脛骨之間，擔任膝蓋緩衝作用的就是半月板。半月板一旦損傷，每當活動到膝蓋，就會產生疼痛，而出現走路方式怪異、腳不著地地抬起等樣子。

博美犬在年輕時就很輕易發生膝蓋骨脫臼，如果放置不加處理，隨著年齡增加，會變得容易引起半月板損傷。

◆前十字韌帶斷裂

連結大腿骨和脛骨的十字形韌帶損傷的疾病。

因為膝蓋骨脫臼、外傷、庫興氏症候群、過度肥胖等，對膝蓋造成強烈負荷時，前十字韌帶就會斷裂。

如果發現狗狗會舉起後腳、走路方式怪異，就要盡早帶牠前往動物醫院就診。

其他的疾病

以下的疾病並不是博美犬特別常見的疾病，但是是7歲以後的老犬常見的。

像是肝功能障礙、腎功能障礙、前列腺肥大（未去勢的公犬）、子宮蓄膿症（未避孕的母犬）、關節炎、神經系統的疾病、惡性腫瘤等。請不要忘了帶愛犬做定期性的健康檢查，並且特別留意！

關於認知疾病

——了解犬隻的認知疾病是怎樣的疾病

可能隨著年齡的增加而發病

和人類一樣，犬隻也有到了老年就會出現認知疾病（認知障礙症候群）的問題。博美犬發生認知疾病的情況雖然不多，卻也不是完全不會發生。如果可以事先具備認知疾病的相關知識，一旦發生問題時也能安心。

認知疾病，是指原因並非由於疾病或藥物等造成，而是隨著年紀的增加所引起——腦部的解析能力會變得遲鈍，行為上出現各種變化的狀態，像是變得無法判斷狀況，或是導致異常行為等。至於發病年齡，大約在12歲以後，隨著年紀的增加而變多。

認知疾病如果可以早期發現、處理，或許能延遲症狀的進行，有時也可能獲得改善。

因此，請仔細觀察愛犬的樣子，如果總覺得狗狗的行為有些異於從前，務必盡早帶牠前往動物醫院就診。

發病後，諮詢獸醫師進行處理

狗狗的認知疾病一旦變得嚴重的話，飼主同樣也會面臨各種日益艱辛的情況。在一起生活方面，什麼樣的事情會成為問題，端看環境或是飼主的想法而異。

請在仔細諮詢獸醫師後，再決定適當的處理和治療吧！

認知疾病的治療方法有好幾種。主要的方法如下：

打造盡量不會造成狗狗壓力的環境的環境療法；注意不斥罵狗狗，讓牠有適度運動的行為療法；給與ＤＨＡ或ＥＰＡ、含抗氧化物質的營養補充品或食物的營養療法；使用藥物的藥物治療等。飼主可以選擇適合愛犬的狀態，進行治療。

此外，在預防對策上，一般認為在認知疾病發病之前，就開始讓狗狗吃預防認知疾病用的營養補充品，比較不會發病。可以的話，最好預先採取對策。關於該吃什麼營養補充品，請向動物醫院諮詢。

認知疾病常見的症狀

認知疾病有如下的症狀，會隨著疾病的進行漸漸加重。只是，有些疾病也會出現相似症狀，所以不可擅自判斷愛犬的行為變化是因為認知疾病，還是因為其他疾病，一定要請動物醫院的醫師診斷。

定向力障礙

無法前往設置在相同位置的廁所。以前熟知的事情，變得不清楚了。

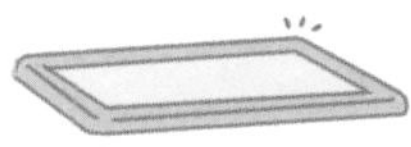

互動的變化

不認識原本熟知的人或狗了。變得會威嚇對方，出現關係溝通上的變化。

睡眠和清醒的周期變化

出現睡覺時間比以前長、日夜顛倒、白天睡覺晚上起來走來走去等情況。

排泄的變化

以前都能夠在固定的如廁場所排泄，現在卻變成隨處大小便，變成無法好好地上廁所。

活動量和內容的變化

之前很活潑，現在活動量卻減少了，或是一直走個不停等，行為變得和以前不一樣。

出現這些行為就有可能是認知疾病

- □排泄失敗的情況增加。
- □變得比以前常吠叫。
- □將頭鑽入隙縫，無法動彈。
- □反覆來來去去、一直繞圈圈、徘徊打轉。
- □眼神茫然，無法聚焦。
- □遠比以前更會任意撒嬌。
- □變得不喜歡被人撫摸或碰觸。
- □不容易找到掉落的食物。

Column

和愛犬的告別與喪失寵物症候群

和人類比起來，犬隻的壽命是短暫的。健康活著的時候，不太會去想它，但是必須和愛犬別離的時刻總有一天會到來。現實是，任何飼主都得明白這一點才能過日子。

如果「那個日子」終於到來，希望你能懷著以前牠曾帶給你許多笑容和回憶的感謝，來為愛犬送行。

送行的方式，並沒有非如何做不可的規定。要怎麼做，全看飼主的想法。

坊間有許多專門處理動物葬儀的公司和寵物墓園，似乎有不少飼主會將葬儀和法事委託他們辦理。而且，有各種不同的形式，例如：是由他們到家裡來帶走過世的愛犬？還是自己帶過去給他們？火葬是採聯合火葬？還是個別火葬？費用也是各有不同，所以應該詢問詳細內容後，再選擇要委託的部分。不知道該怎麼辦的時候，也可以試著詢問常去的動物醫院或是曾經有送行愛犬經驗的友人。

送行愛犬後，還有不能忘記辦理的事情。就是愛犬死亡的30天內，必須到辦理畜犬登錄的市區鎮村的公家機關辦理犬隻的死亡申報手續，繳回已經載入必要事項的死亡申報書和犬隻頸牌、狂犬病預防接種完畢證明書。

失去長年一起生活的愛犬，悲傷是難以忍受的，甚至有不少人一直無法從中再站起來。「喪失寵物症候群」指的就是這種失去寵物的悲傷症狀。

對於過世的愛犬，「或許多對牠這麼做就好了」、「那個時候早點發現就好了」等懊悔、責備自己的心情都是可以理解的。想要跨過喪失寵物症候群，就得好好地面對悲傷的心情、盡量去想愛犬的事情，這些都是重要的。

失去愛犬的悲傷，無法忘記或是消失，而和愛犬生活過來的快樂回憶也同樣是絕對不會消失的。接受牠已經死亡的現實，想哭的時候就盡量哭吧！跨越喪失寵物症候群的方法有許多種，可以試著找出適合自己的方法，慢慢地等待心情平復。飼主能找回活力，想必也是已經離世的愛犬所期望的。

如何跨越喪失寵物症候群

- **承認悲傷的心情**
  將自己的心情坦率表現出來，想哭的時候就盡情地哭。
- **絕對不勉強**
  身心俱疲時，不過度硬撐，而是必須充分的休息。
- **和有相同經驗的人聊聊**
  和有寵物亡故經驗的人聊聊，獲得共鳴也可以讓心情平復。

7

12個月的健康和生活

日本有四季，每個季節對飼養環境的影響都不同。為了愛犬每天都能健康的生活，這裡試著將每個月必須做和知道的事情整理出來。

1月

照料愛犬在新的一年也能過得健康又有活力

生活上的注意點

注意誤食和意外事故

新的一年的開始。希望這1年愛犬也同樣健康，而且彼此也能快樂地生活，應該是每個飼主的願望吧！

我想有很多人都會訂定各種年度計畫，不妨也試著在其中加入愛犬的健康管理計畫如何？例如：健康檢查或是預防接種的時期等，只要事先記入日曆或是筆記本中，就不會發生一不留神忘記而加入其他預定的情況。

和愛犬一同旅行之類的快樂計畫當然也很重要。不過，因為狗狗不會自己做健康管理，所以在身邊的飼主最好能夠確實地幫牠管理。

新年，不只是人，給愛犬吃大餐的機會也會增加。這個時期經常發生像是牛排肉卡在喉嚨的事情，必須要特別注意。

博美犬是喉嚨較狹窄的犬種，所以就算是你認為這樣的大小應該沒有問題的食物，也出乎意料地容易堵塞在喉嚨。顎部的力量也弱，因此也不擅長撕裂食物進食，最好將食物切小到5㎜以下餵食。還有，人吃的食物有的經調理成重口味，以及狗狗不能吃的食材（像是含有蔥類的食物等），當然是不可給與的。

利用新年假期，帶著愛犬到雪多的地方返鄉或遊玩時，也要注意意想不到的事故。一整片的雪，想要讓狗狗玩而讓牠到處跑動時，可能因為沒注意而跌落河川中或是從崖上掉落而發生骨折。所以，到初次前往的場所玩雪時，請先充分確認周圍的環境。

日常的照顧

對乾燥引起的靜電採取對策

冬天乾燥，容易引起靜電，以及被毛變得硬邦邦的。如果要使用寵物防靜電噴劑，最好使用萬一狗狗舔到仍能安心的產品。除了噴劑，也可以用熱毛巾擦拭、將水加入噴霧器中噴灑，或是利用加溼器。

除了溫度計，犬隻的房中也要設置溼度計。寒冷時期，不只要做室內的溫度管理，溼度也必須調整。

如果是幼犬或老犬

幼犬或老犬，如果為了溫暖床鋪而使用寵物加熱器，必須注意低溫燙傷。尤其是老犬，因為睡覺時間變長，必須時常做確認。幼犬對任何事物都感興趣，所以常見因為啃咬被爐或暖風機等電器製品的電線而導致觸電的意外。飼主必須做好將電線加護蓋之類的預防措施。

2月

1年中最寒冷的時期，所以溫度管理更加重要

生活上的注意點

外出散步時 必須注意冷熱差距

一整年中，寒冷日子最多的月份，和短毛的犬隻相比，博美犬是比較耐寒的。不過，因為從小就在溫暖的房子中長大，也有不耐寒的狗狗。2月請更加注意溫度管理。

節分（日本節日，2月3日）這天撒豆時，要將豆子確實清理乾淨。豆子對犬隻來說是難以消化的東西，吃過量就會引起下痢。

平常，保持室內溫暖是重點，還有冷熱差距也必須注意。外出散步時，避免從溫暖的房間一下子走到寒冷的戶外，特別是患有心臟或呼吸器系統疾病的犬隻，更要注意。因為冷熱差距而受到刺激，可能引起咳嗽或休克的情況。

所以要出去散步時，從溫暖的房間出來後，可以先讓狗狗在走廊或玄關前等氣溫稍低的地方，待個1～2分鐘，讓身體習慣，再讓狗狗踩個階梯才能出到外面，這樣能減輕冷熱差距造成的負擔。

此外，寒冷時期總是容易變胖。原因有兩個。一是夏天酷熱時期食欲減低，大概從變涼的秋天開始，和人一樣，狗狗的食欲也會逐漸增加。另一個是變冷後，飼主自己怕冷而懶得散步，或是有些地域會因為大雪而變得難以外出，因此造成運動不足。如果無法外出散步，最好可以規畫一些在室內遊戲的時間。

日常的照顧

梳毛促進血液循環

提高狗狗皮膚的新陳代謝，也是有效的冬季防寒對策之一。所以，每天幫狗狗梳毛或按摩皮膚吧！可以促進血液循環，提高保溫效果。

既是冬天，也不是換毛期，或許你會認為不那麼勤快梳毛應該也沒關係吧！其實不然，正因為是寒冷的冬天，藉由梳毛來促進狗狗的血液循環是一件重要的事。

還有，如果散步時，毛被雪弄溼了，溼掉的部分要充分擦拭到乾。如果放任潮溼不管，會成為引起皮膚病的原因。毛如果弄髒了，則請清洗乾淨。

如果是幼犬或老犬

作為嚴冬的照料，幼犬也要梳毛，讓牠愉快地習慣吧！博美犬中雖然較少見，但遺傳性疾病之一的冷凝集素症，還是有可能會發生在牠們身上。萬一發生了，狗狗的耳朵尖端和爪子、尾巴等末端會因為寒冷而發生血液運行出現障礙。嚴重甚至會壞死。還有，狗狗在幼犬時，耳朵的皮膚比較薄，遇到寒冷時期無論如何要幫牠做好保暖。

老犬方面，患有甲狀腺功能低下症這樣內分泌疾病的犬隻，尤其怕冷，要幫牠規畫好防寒對策。

此外，使用暖氣造成的低溫燙傷也必須注意。

3月

要特別注意氣溫的變化

生活上的注意點

注意散步中的誤食

三月是逐漸迎向春天，開始變暖的時期。陽光變得暖和，氣溫會升到攝氏20度左右，溼度也不高，對於犬隻來說可以舒適地生活。而且，多數的日子氣溫都很適合狗狗。所以一般人認為，和其他月份相比，日本1整年中3月和11月是較少引發狗狗疾病的月份。

只是，還是有寒冷的日子，所以絕對不能掉以輕心。暖和的日子和寒冷日子間，冷熱差距極大，犬隻的身體狀況容易因為壓力而遭到破壞，出現身體狀況不佳而引起下痢的情況。

請注意氣溫的變化，仔細觀察愛

犬的樣子，只要覺得好像有點不對勁，就盡快帶到動物醫院就診。

當天氣變得暖和了，散步或是帶愛犬外出的機會跟著越來越多。與此同時，也是狗狗在外誤食造成問題增加的時期，必須多注意。

和冬天比起來，溫度一變高，掉落的食物氣味會變得強烈。這時也是草木發芽的時期，新草漸漸長出來，狗狗如果被吸引，吃了掉在草叢裡的東西，我們可能也無法察覺。

還有，如果是想吃草的狗狗，盡量為牠選擇乾淨場所的草，因為在其他犬隻或動物排泄物等較多的地方，會有傳染疾病的疑慮。

愛犬異常地吃草時，有可能是身體的某部位出現問題，像是肝臟。如果不放心，就帶牠到動物醫院接受診察。

氣溫漸漸升高的這個時期開始，跳蚤跟著出現了，不要忘了預防跳蚤和蟎蟲。

日常的照顧

換毛期要仔細梳毛

當天氣漸漸變得暖和，有些狗狗也即將開始脫落冬毛、生長夏毛的換毛期了。

由於冬天時留的毛漸漸掉落，用梳子幫狗狗除去不需要的毛非常重要。梳毛也可以促進新陳代謝，改善皮膚的狀態。

此外，這時也是較常噴灑除草劑的時期，狗狗散步中可能會沾到腳上，回家後記得將狗狗的腳洗乾淨。

如果是幼犬或老犬

不只限於這個月，如果是還沒有完成疫苗接種的幼犬，為了守護牠遠離傳染病，請不要帶牠到草叢，或是和陌生的犬隻接觸。老犬方面，因為還是有氣溫遽降的日子，仍然要注意，確實做好禦寒對策。自然，寵物電熱器也先不要收起來，並且放在可以立刻拿出來的地方。

4月

不要忘了包含心絲蟲在內的預防接種

生活上的注意點

天氣好的日子，積極地讓牠走路

雖然依地區而異，不過從4月底左右，就要開始心絲蟲的預防了。使用預防藥物之前，一定要到動物醫院做血液檢查。因為如果已經感染心絲蟲，突然給與預防藥物，可能引起休克，危及生命。

一年1次的狂犬病預防注射、混合疫苗，也大多是在這個時期施行。千萬不要忘了注射，以守護愛犬遠離傳染疾病。

這時，是散步也很舒適的時期。只要沒有罹患什麼疾病，或是身體不適，天氣良好的日子就積極的讓牠出去走路吧！可以的話，讓愛犬步行約與牠體重相同的距離是比較理想的。如果是博美犬，可以以2～3km左右當作大致目標。只是，到了4月底，有些日子會突然變熱，那時不要勉強狗狗喔！

春天，家中的人口可能因為調職或就業、入學等而有所改變，是經常有家中某人離家的時期。例如：爸爸單身出差，或是兒子、女兒開始獨自生活。當特別寵愛自己的人不在家了，狗狗因此感覺到壓力的情形也不少。

還有，也可能有全家搬家的情況。搬家，對狗狗來說也是環境的變化，所以多跟牠和進行感情交流，以盡可能避免造成狗狗壓力，想辦法讓牠早日習慣新的環境。

日常的照顧

散步之後的身體檢查

從冬毛轉換成夏毛的換毛期還在持續中，幫愛犬梳毛請確實地進行。

因為，不需要的毛若放著不管，透氣性就會變差，可能引起皮膚病等，所以一定要去除。這也是為了保持博美犬的魅力之一——美麗被毛，所不可欠缺的。

散步中，垃圾或塵埃等容易沾附在被毛上，回家後梳毛將髒汙除掉也很重要。擦拭腳部的時候，不要忘了檢查腳趾間或蹠球有沒有夾著什麼東西。如果幫狗狗清洗，就要確實擦乾，因為潮溼的狀態會成為導致皮膚病的原因。

如果是幼犬或老犬

出生超過 3個月的幼犬，不要忘了做狂犬病的預防接種。帶狗狗前往動物醫院做疫苗注射時，順便檢查糞便，看看是否有腸內寄生蟲，會比較安心。對於老犬來說，4月也是容易度過的時期，不過還是有早晚寒冷的日子，需要注意。如果白天也在持續保溫的睡鋪中度過，白天時可能會變得太熱，要經常注意溫度變化。

5月

和愛犬同行的旅遊，事前的準備是重點

生活上的注意點

漸漸該注意中暑的問題了

現在，白天暖和開始完全進入穩定期，不過即使是在5月，有時還是會出現很熱的日子。如果以為在季節上應該還沒問題而掉以輕心的話，狗狗可能會中暑！當你覺得好像有點兒熱的日子，請仔細觀察愛犬的樣子，像是散步中是否呼吸困難？走路是否腳步不穩？等等。

4月底到5月上旬的黃金周，計畫和愛犬一起在外面住一晚或是當日來回的旅行的飼主應該不少吧！

因為是難得的旅行，所以希望能創造出許多和愛犬的快樂回憶。因此事先做好各種準備很重要，可以避免在旅遊地發生問題。

還有，也要考慮到愛犬在旅行中可能突然生病或是受傷的情況。出發前，若能預先查好附近的動物醫院，這樣可以避免萬一發生狀況，想要立刻帶狗狗前往醫院，卻因為是初次造訪旅遊地，不知道該帶到哪裡去才好，只能乾著急的情形。

最好先調查前去旅遊的地區是否有必須注意的疾病。預防該疾病也是很重要的一件事，例如：北海道有北海道赤狐作為主要感染源的、名為包蟲病的傳染疾病。

開車出門的時候，為了預防中暑，也要特別注意，不可以將愛犬留在車內不管。

如果是幼犬或老犬

我想大概有很多人會利用連續假期抱回幼犬吧！帶回家後，請盡快帶牠到動物醫院做健康檢查，才可安心。為了今後和一起生活的家人共度幸福的生活，傳染疾病或先天性疾病、腸內寄生蟲都應該預先發現。5月還是有溫差大的日子，老犬仍須注意溫度管理，盡量保持在一定溫度。

日常的照顧

檢查狗狗是否有耳朵癢的樣子

從變暖的5月開始，隨著天氣逐漸變得高溼高溫，引起耳朵疾病的犬隻也越來越多。

就犬種上來說，博美犬的耳朵疾病雖然不是那麼多，但還是必須注意，特別是細菌性的外耳炎。如果愛犬出現經常搔撓耳朵之類的樣子，就要盡早帶牠到動物醫院就診。

重要的是，平常就要檢查，清潔耳朵內部。不過平日保養的時候，棉花棒千萬不可以進入耳朵內部，以免傷到耳內。

耳朵疾病的治療上，如果必須在家中洗淨耳朵，就要請動物醫院的醫師教導正確的方法。

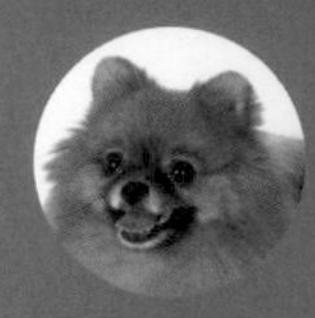

6月

溼度升高的梅雨期要仔細檢查皮膚

生活上的注意點

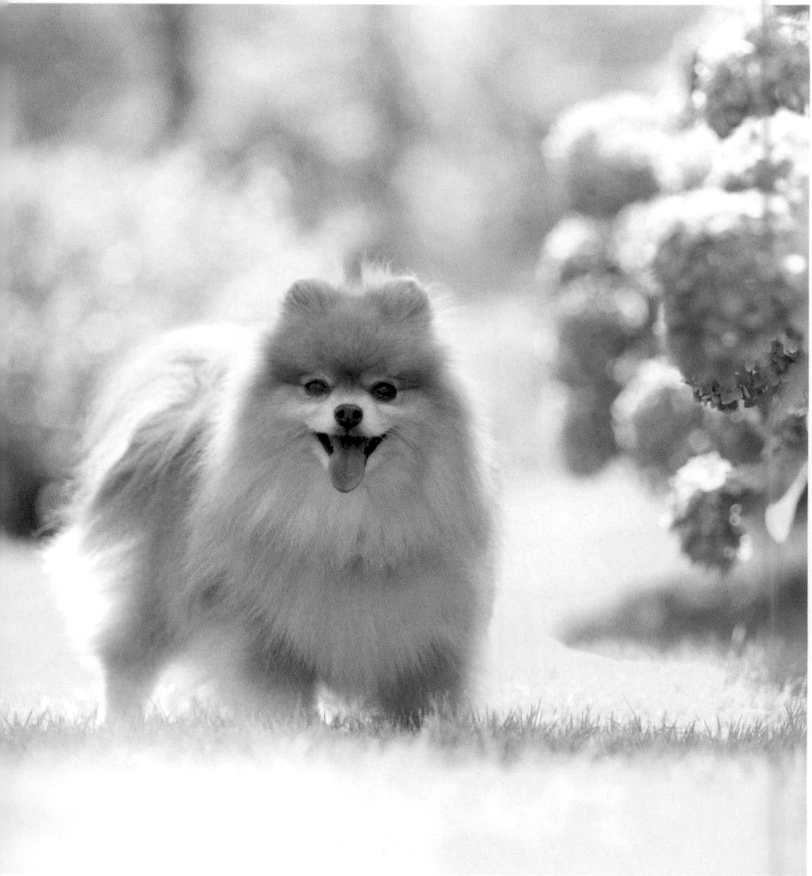

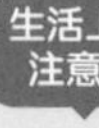

除了皮膚，呼吸系統也要注意

潮溼的梅雨時期到來，持續下雨的日子，總是無法外出散步。因此愛犬很容易運動不足。用點心思讓狗狗快樂地活動身體吧！例如：讓牠有充分在室內遊戲的時間。

保持皮膚和被毛的清潔，是一整年都不可欠缺的，到了高溫多溼的這個時期，因為很容易引起皮膚病，更必須多注意。

例如：有沒有變紅的部位？有沒有皮屑出現？狗狗皮膚狀態上只要有一點點讓人在意的情況，就盡快帶到動物醫院就診。

溼度變高，也比較容易對呼吸系統造成負擔。罹患氣管塌陷等疾病的犬隻，呼吸可能會變得比平常急促，或是咳嗽增加。也有些狗狗會因為壓力引起下痢或食欲不振，所以要留心狗狗身體狀況的變化。

我想大概有許多飼主都會想幫愛犬來個「夏日剪毛」，作為迎向夏天的暑熱對策吧！

就博美犬的情況來説，詳細原因並不清楚，不過有發生被毛修剪後，從此可能就再也長不出來的情況。就算以往每年做完「夏日剪毛」後，毛都會再好好地長出來，不覺得有什麼問題，但還是會突然發生，令人費解。飼主必須要充分了解這一點。

如果想要幫狗狗保有美麗的被毛，或許應該盡量為牠選擇「夏日剪毛」之外的方法。

日常的照顧

注意狗糧和零食的保管

梅雨時期，各種細菌容易孳生，所以食物的管理上也必須注意。愛犬吃剩的東西，不要覺得可惜，把它處理掉吧！保管已開封的乾狗糧時，最好裝入密封性高的容器內。取出狗糧的時候，不要用潮溼的手碰觸狗糧。零食也一樣，必須注意避免各種細菌繁殖，做好保管工作。

不管是乾狗糧還是零食，這個時期盡量不要購買大包裝的，而是短期間就能吃完的包裝大小比較好。

還有，餐具要仔細清洗乾淨；飲水需要經常更換成新鮮的水。

如果是幼犬或老犬

高溫多溼的狀況，對幼犬或是老犬都會形成壓力。和成犬比起來，幼犬免疫力較弱，所以這時期更容易罹患皮膚病。此外，本來就患有呼吸系統疾病的老犬，症狀會比較容易惡化，必須注意。身體部分，當然得保持清潔，也可利用除溼器，幫狗狗做好溼度管理。

7月

做好萬全的暑熱對策，守護狗狗遠離中暑

生活上的注意點

夏天散步請避免在白天或攝氏25度以上的夜晚

梅雨結束，夏天即將來臨，氣溫超過攝氏30度的日子越來越多，必須確實做好暑熱對策，讓狗狗盡可能舒適地度過夏天的生活。

博美犬是怕熱的犬種，在白天的大太陽下散步是非常危險的，請絕對、絕對避免。

早上9點之後，太陽光開始變得強烈，如果要帶狗狗出去散步，應盡量在早晨涼爽的時間。

有許多飼主認為，避開白天，晚上應該就沒有問題。當然，有風且路面涼冷的晚上應該是可以的，但是氣溫超過攝氏25度且無風的夜晚，請千萬避免。因為路面仍然留有輻射熱，比人更接近路面的狗狗，很容易受到輻射熱的影響。

夏天散步，除了注意時間，還要經常攜帶冷水。不只可以作為飲水使用，如果愛犬因為太熱而倒下時，也可以將水淋在牠的身體上。

在室內，也要使用空調為狗狗做溫度調節。陽光會射入或是不會的房間？是公寓還是獨棟建築……？依照不同安置狗狗的環境，空調的溫度設定也不一樣，必須觀察愛犬的樣子，為牠調整室溫。

此外，一直開著空調讓狗狗獨自看家時，如果停電，空調就會關閉。請事先做好萬一時的對策。例如：可以放置寵物涼墊，將寶特瓶裝水結凍後放在近處，盡量讓牠在家中室溫較低的房間度過。

日常的照顧

洗毛後要充分吹乾

在自己家中幫狗狗洗毛時，蓮蓬頭的熱水要以低於冬天時的溫度來洗。常有的情形是：認為被毛溼溼的比較涼爽，或許可以讓它自然乾，於是洗毛後沒有幫狗狗完全弄乾就不管它了。但是整個溼熱地悶在裡面，有可能會引起皮膚病。

所以就算是夏天，洗毛後幫狗狗完全吹乾還是很重要的。請在開了空調或電風扇的涼爽室內，幫狗狗將被毛確實吹乾吧！

如果是幼犬或老犬

不管是幼犬或是老犬，都要特別注意中暑。適合帶幼犬出去散步的時間，和成犬一樣都必須注意，還有，幼犬活潑好動，如果讓牠過度興奮，也可能引起中暑。經常睡著的老犬，若是直接吹到空調的風，可能會過冷，請多費點心思為狗狗安排睡覺場所喔！

8月

到海邊或河邊玩時，視線不可離開愛犬

生活上的注意點

預先做好狗狗迷路時的對策

8月，酷熱的日子持續，仍須注意中暑，請繼續確實地施行暑熱對策。

為了暑假的全家旅行，可能必須將愛犬委託給寵物旅館，如果沒有完成疫苗接種，有很多地方都不接受託付，所以還是先帶去接種吧！

不管託付處照顧得多麼好，終究還是得在異於自己的環境中度過，許多犬隻會因此感到壓力，甚至也有犬隻回到家後，發生身體不適的情況，例如：下痢。想要將愛犬託付出去時，飼主必須先要有這種情況的覺悟。

本月，也是煙火大會或打雷等較

多的時期，狗狗在平常不會聽到的巨大聲響中，突然發生恐慌而逃脫的意外也不少。

就算認為家裡的狗狗沒有問題，但還是無法預測一旦牠產生恐慌時，會採取怎樣的行動？說不定在逃走後變得下落不明！所以，考慮到萬一會有突發狀況，不妨先為愛犬植入微晶片，或是在牠身上配戴防走失的名牌，這樣，對於愛犬萬一在旅行中迷路時，會有很大的幫助。

到海邊或河邊玩，讓愛犬游泳時，仍然不能放開牽繩，因為可能發生流速快的河流直接將狗沖走的情況。

夏天時，人往往會比較放鬆，所以要更加注意。

日常的照顧

玩水後不要忘了照顧

在河邊或海邊玩水後，要使用乾淨的水幫狗狗清洗身體，因為髒水或海水留在身體上不加處理，會成為導致皮膚病的原因。

還有，玩水的時候，身體潮溼地待在陽光照射的地方，很容易引起Hot Spot（急性溼疹），因為那時僅身體表面乾燥，內部卻是溼濡的狀態，會造成刺癢，致使狗狗因為介意而舔舐身體，引起皮膚發炎。所以，一定要在通風佳的日陰處確實弄乾身體。

想要愛犬更加清涼地度過夏日，讓牠玩水卻反而得了皮膚病，那可就得不償失了。玩水之後的照顧是很重要的，別忽略了。

如果是幼犬或老犬

酷熱持續的夏天，不需要每天都帶愛犬出去散步。除了會中暑，變熱的柏油路或人孔蓋也會造成蹠球燙傷。老犬常見的疾病之一——甲狀腺功能低下症的症狀中，有即使盛夏也會發抖的情形。如果天氣不冷狗狗卻發抖，就要懷疑可能是得到了此疾病，最好帶牠前往動物醫院就診。

9月

夏季疲勞開始出現的時間點，檢查身體狀況是不能缺的

生活上的注意點

夏日倦怠症也可能影響胃腸

直到上旬左右仍有殘暑酷熱的日子，但即使如此，比起8月，暑熱還是逐漸緩和下來，比較舒適的時期也快要來臨了。

和人類一樣，狗狗有時也會處在夏日倦怠症的狀態中。雖然，現在總算快要度過炎熱的夏天，但卻也是夏季疲勞漸漸出現的時候。因此，不乏有腸胃上出現問題的狗狗，例如：下痢。請仔細觀察愛犬的樣子，如果覺得牠有點不對勁，就盡快帶到動物醫院就診吧！

整年中炎熱日子最多的8月，會使狗狗因為酷熱導致壓力，皮膚病有容易惡化的傾向。不只是皮膚病，不管什麼疾病，一旦惡化就很難治療，即使進入9月，也可能還是同樣延續著。還有，視狀態而定，皮膚病大多都需要一段時間才能獲得改善，所以請有耐心地持續幫狗狗治療。

正因為炎熱時期無法想散步就出去散步，當炎熱緩和下來後，運動不足的份量就要一點、一點地恢復。但是，突然激烈的運動，仍可能對腰腳和心臟造成負擔。還是要多觀察愛犬的樣子，慢慢地進行。

九月，仍然還是有炎熱的日子，小心不要中暑依然很重要。本月也是颱風多的時期，不乏有初次經驗狂風驟雨聲的狗狗。如果愛犬顯得不安，可以溫和地對牠說話，盡量緩和牠的不安。

此外，若是平常就讓牠習慣待在狗箱或狗籠中，就會成為狗狗能夠安心的地方。如果狗狗在狗箱中能夠安穩地待著，對萬一災害避難或是到動物醫院住院時等各種場合都會有幫助。進行籠內訓練，為狗狗創造可以安心穩定下來的場所吧！

如果是幼犬或老犬

九月還是炎熱的日子，體力比成犬差的幼犬或老犬，最好依當天的天氣來調整散步的時間和份量。仍然必須注意中暑問題。除了皮膚病，患有腎上腺皮質功能亢進內分泌系統疾病的老犬，在夏天時容易惡化，要仔細觀察牠的樣子，多用心以避免疏漏掉微小的變化。

日常的照顧

如果下痢持續，就要盡早採取對策

不限於夏日倦怠症的時候，也不只是因為某些原因造成嚴重腹瀉持續而導致脫水的狀態，就算是輕微的下痢，狗狗也會將體力耗盡。因此，只要愛犬有下痢的情況，就盡快帶往動物醫院，請求處理。

10月

食欲增加的季節，注意過度肥胖

生活上的注意點

適當的飲食和運動以避免肥胖

這時氣候已經完全像秋天了，對於狗狗來說，也慢慢到了容易度過的時期。

食欲之秋，並不只是對人而言。夏日期間，犬隻往往也會因為炎熱而失去食欲。到了秋天，變得涼爽、容易度過了，狗狗的食欲也漸漸增加。

不少飼主看到愛犬吃得津津有味的進食模樣，會覺得愉快，因此就不斷地讓牠吃。但是，這將會導致狗狗快速走向肥胖。

人類也是如此，如果吃得太多，體重一下子就會爆增。而且，體重一旦增加，想要減下來可就困難了。

肥胖會成為引起各種疾病的原因，為了愛犬的健康，還是需要注意。

就犬隻來說，是否肥胖，只用體重來判斷是有困難的。因為即使是相同的犬種，骨骼也各有不同。不過，可以依照脊骨和肋骨、腹部等長有多少脂肪作為大致判斷標準。

從平日就請參考第73頁的身體狀況評分表，為愛犬做身體檢查吧！

飼主覺得愛犬太胖了，常有的作法是：極端減少飲食的量。但是，如果不給與每日必須的量，當狗狗肚子餓了，也可能導致撿食的問題。如果覺得愛犬日漸肥胖，盡量不要減少飲食的量，而是改成低熱量的食物來做調整。

預防肥胖上，不只是飲食，充分的運動同樣不可欠缺。10月中旬以後，氣候漸漸轉涼，是最適合散步的時期。想要讓愛犬骨骼和肌肉都變得結實，走路是很重要的一點。

只要沒有因為疾病而由獸醫師禁止運動，可以視天氣和愛犬的身體狀況，稍微增加運動量。

日常的照顧

換毛期要勤加梳毛

隨著氣溫下降，夏毛逐漸脫落，冬毛生長的換毛期也開始了。

為了維持被毛和皮膚的健康，平常就要幫愛犬梳毛，換毛期更是要勤於幫牠梳理。

如果是幼犬或老犬

幼犬也會變得食欲旺盛，吃太多的話可能引起下痢，必須注意。

秋天和春天，迎向發情期的犬隻多，7歲以上未避孕的母犬須注意子宮蓄膿症，這是經常在發情結束1個月後發病的疾病。如果愛犬出現常常飲水、食欲不振等好像異於平常的樣子，請帶牠前往動物醫院。

11月

容易度過的時期還是有種種需要注意的事項

生活上的注意點

可能還需要採取預防心絲蟲對策

不只是博美犬，對任何犬種來說，皮膚微感涼意的這個時候，都是容易度過的時期。

不過，早晚氣溫驟降的日子也越來越多，是時候開始為過冬而準備了。夏日期間收起來的寵物電熱器、暖爐等暖氣用品，先拿出來準備好，以便隨時都能使用吧！

氣溫一下降，往往會不經意地忘了心絲蟲的防範。雖然依照地域而異，但還是有必要預防心絲蟲。心絲蟲的預防藥物，必須持續使用到沒有蚊子的1個月後。

如果幼絲蟲（心絲蟲的幼蟲）以蚊子為媒介寄生在犬隻身上，就必須用藥物阻止幼蟲變成成蟲。由於心絲蟲藥的作用是針對被蚊子叮咬1個月後的蟲，千萬不要因為沒看到蚊子，就擅自判斷可以不需服用，一定要讓狗狗完全服用完從動物醫院拿的預防藥物，這點非常重要。

如果居住在溫暖的地方，或是經常帶狗狗到河邊綠地多的場所玩，這些地方可能會有很多蚊子，最好整年都採取預防心絲蟲對策。

另外，在寒冷地方，本月也差不多是該下雪的時候了，薄薄的積雪致使地面狀況無法被看清楚，而難以察覺掉落的玻璃或是末端尖銳的東西，狗狗散步時可能會傷到蹠球。當然，凍結的路面也可能滑倒造成骨折或脫臼，要特別注意。

日常的照顧

梳毛以促進換毛

雖然依犬隻而異，但我想大多還是在換毛期。請好好地幫狗狗梳毛，以促進換毛。因為除掉不必要的毛，可以長出能耐寒的美麗冬毛。

空氣漸漸乾燥。不只狗，人也是一樣，一旦乾燥，病毒就變得容易入侵。除了早晚寒冷要保溫，也可以在室內放置加溼器，做好萬全的乾燥對策。

如果是幼犬或老犬

舒適的季節，致使大多數的幼犬都變得活潑好動，胡鬧誤食的機會也容易增加，所以不能讓幼犬吃到的東西，要收到牠無法觸及的地方。早晚會突然變冷，老犬可能出現關節疼痛的情況，如果感覺到牠走路方式怪異，有異常變化，就盡快帶到動物醫院就診。

12月

做好冬天的禦寒對策

生活上的注意點

冬天也不能忘了預防蟎蟲

進入12月，終於真正寒冷起來了。確實做好保暖和溼度對策吧！

博美犬的身體嬌小，所以要幫牠注意禦寒。狗籠或圍欄的位置應避免設置在窗邊之類寒氣會進入的場所。暖氣器具的風直接吹到的場所，因為太乾燥，也應避免。

愛犬經常待的房間，如果是使用煤油暖爐或是煤油暖風機等，請注意須定期為房間換氣。最近的房子因為密閉性高，如果都不幫房間換氣，可能會引起一氧化碳中毒。

心絲蟲預防藥物的服用時期一結束，同樣也將跳蚤和蟎蟲預防藥物一起停止的飼主，出乎意外得多。

有些地區，雖然約從11月開始就很少看到跳蚤。不過，蟎蟲卻是終年棲息在草叢間，所以持續預防非常重要。愛犬如果遭到蟎蟲叮咬，不僅會引起包含皮膚病在內的各種疾病，蟎蟲也會將傳染病媒介給人。所以，雖是年末忙碌的時期，仍要特別注意蟎蟲的預防。

還有，聖誕節時餐桌上擺滿美味的食物，許多飼主應該也會想給愛犬吃頓大餐。在1月那篇也介紹過，給與的時候記得要將食物切成小塊，以免一不留神梗塞住喉嚨。

日常的照顧

注意皮膚炎和外耳炎

到了12月，雖然由夏毛轉換成冬毛的換毛期停止了下來，卻不能因此認為可以就此減少梳毛的次數。基本上，就算不是換毛期，每天梳毛還是很重要的。因為不只是可以幫愛犬保有美麗的被毛，整理的時候也可以發現牠身體有沒有異常。

在12月，犬隻疾病意外常見的有皮膚炎和外耳炎。或許你會疑惑寒冷時期為什麼會如此?其實是因為開始使用暖氣，當房間急遽變得溫暖，黴菌和細菌也容易繁殖，所以發病的情形也多。梳毛的時候也要檢查耳朵內部和皮膚。

如果是幼犬或老犬

和成犬相比，幼犬和老犬的抵抗力還是比較弱。因此，當天氣真的變冷後，特別要注意溫度管理。除了愛犬起居的室內必須保持舒適的溫度，狗籠內的床鋪也要鋪上溫暖的毛巾或毯子，為狗狗打造舒適的環境。

Column

中醫也是選項之一

醫學上有西醫和中醫，不管哪一種，在改善身體不適這件事上都是共通的。

這裡簡單說明各自的差異。西醫是藉由檢查在科學上獲得證實，分析結果，判斷疾病，針對該疾病投藥或是手術等進行治療。中醫則是基於自然科學上傳統的經驗，重視體質和特徵，藉由提高本來就擁有的自然治癒力，達到治療疾病的目的；治療上使用中藥或是針灸等。

西醫和中醫各有許多優點。人類也有不少能夠有效地分別使用西醫和中醫的人。包含犬隻在內的動物醫療上，不只是西醫，也有採用中醫的動物醫院。

想為愛犬選擇哪一種看病方式，或是並用，全依飼主的想法而定。只是，不管是西醫還是中醫，向知識和經驗豐富的獸醫師求診是基本的。如果並用，必須特別注意藥物的使用。同時服用西藥和中藥，可能引起併發症，飼主必須正確地告知個別的動物醫院，目前狗狗正在服用怎樣的藥物。

中醫以「四診」做診察

- **望診**
  觀察眼睛、舌頭、臉、身體、皮膚的狀態等，由視覺獲得情報。
- **聞診**
  用聽覺和嗅覺確認呼吸聲和鳴叫聲、體味和口臭等，來獲得情報。
- **問診**
  向飼主詢問狗狗有沒有食欲、病歷、出現的變化等情報。
- **切診**
  實際觸摸身體，以觸覺確認腹脹的情況和脈搏的狀態等。

中醫的想法上，認為身體是由成為精力本源──生命能量的「氣」、輸送營養到全身血液的「血」、身體必須的水分的「水」，像是淋巴液，這3種要素構成。而生成這些要素的是稱為「五臟（心、肝、脾、肺、腎）」的臟器。這些全都處在均衡調和的狀態，才能穩住健康。其中只要有一種發生問題，就會失去平衡。中醫的基礎理論上有五行說，是將其他各自相關的器官和組織、自然界的特定物分成5類。建議你，不妨在獲得正確的知識後，試著活用看看。

西醫和中醫，不去否定任何一方，而是理解各自的優點後，有效地分別使用，或是並用，有助於守護愛犬的健康，也可擴大治療的範圍。所以，預先知道各種不同的選項，萬一的時候，才知道怎麼作決定，才能放心。

8

疾病和受傷

只要是生物，生病和受傷就是無可避免的。這裡試著整理出可以預防的情況、緊急時的準備等等。

如何有效地和動物醫院打交道

尋找可以信賴的動物醫院

一定要自己確認是否合意

不只是生病的時候，健康檢查或是疫苗接種、心絲蟲疾病等的預防，總會有什麼事需要到動物醫院。

千萬不要等到愛犬生病了，才突然帶到初次前往的動物醫院去，最好在要將愛犬接回家前，就預先找好可以信賴的動物醫院，屆時才能安心。

該如何從眾多的動物醫院當中挑選呢？為此煩惱的飼主應該不少吧！

最近參考網路評價的人似乎不少，但那卻不盡然全是可以信賴的情報。除了查看網路的情報，或許你也可以問問看附近有飼養犬隻的人。

獸醫師是否合乎心意，也是選擇動物醫院的重點之一，但合或不合意，依每個人不同的理解方式而異。就算附近的人都有好的評價，重要的是，最後還是得由自己實際確認後再作出判斷。

利用健康檢查做確認

找到想去看看的動物醫院，可先試著打電話詢問，以對方如何應對作為判斷的大致標準。

你也可以親自前去觀察動物醫院的情況。像是利用帶狗狗去做健康檢查或拿心絲蟲藥物的機會。有時就算不帶狗狗同去，只拿糞便或尿液請對方檢查，醫院也可能會接受。

前往時，可以一邊確認院內的氣氛如何，例如：包含獸醫師在內的人員應對方式，一邊進行判斷。

確認這些部分，作為選擇動物醫院的重點

這裡舉出一些項目，作為您選擇適合愛犬以及自己的動物醫院時的大致標準，不妨參考看看。

- □候診室和診察室等的院內場所保持清潔。
- □關於疾病內容，還有必須的檢查和治療，都能淺顯易懂地做說明。
- □會先提示檢查和治療的費用。
- □對於小小的諮詢或疑問，都能仔細地回答。
- □和獸醫師很投緣。
- □動物醫院位在從家裡出發容易到達的地方。
- □不管是對人還是對狗，人員的接待都很親切。
- □夜間緊急時候可以做處置，或是為你介紹合作醫院。

● 遵守禮儀地好好打交道

帶狗狗到動物醫院就醫時，飼主遵守禮儀是重要的一件事。如果診察是採預約制，就要遵守決定好的時間。

候診室內會有各種不同的動物，請確實持好牽繩，不要讓愛犬到處走來走去。

如果是不善於和其他動物相處的狗狗，讓牠在外面或車中等待也是一個方法，但這種情形要事先跟櫃臺人員說一聲。

還有，即使是一度決定好的動物醫院，中途也未必就不可以更換成其他家喔！

如果有持續治療，獸醫師卻總是無法回覆你的問題，讓你總覺得有些不安的情形，也可以到其他的動物醫院詢問看看，作為第二意見，尤其是愛犬罹患重病時更應如此。

平常就要做健康檢查

——定期性的健康檢查和平日的檢查是重要的

至少一年一定要做1次健康檢查

希望愛犬常保健康，盡量活得長壽，這樣的願望，應該是每個飼主共同的想法吧！

和人類比起來，狗狗的年齡以快好幾倍的速度在增長。因此，一旦罹患某種疾病，疾病的進行也很快速。為了守護愛犬的健康，早期發現、早期治療，定期性的健康檢查是不可缺的。

進行健康檢查的大致標準，理想的作法是：7歲前一年做1次，疾病漸漸隨著年齡增加的7歲後一年做2次，然後是10歲後一年做4次。只是，血液和X光線檢查等詳細診察的費用也較高。如果有困難，至少一年也要做1次。

另一方面，就算只做尿液和糞便檢查，也盡量每2～4個月做1次，會比較好。和其他的檢查不同，這兩項狗狗不會有疼痛感，而且和正式的健康檢查比起來，費用也較低。

從能夠輕易進行的尿液和糞便檢查，就可以知道各種狀況。檢查結果上如果有什麼異常，也可作為其他更加詳細檢查的契機。所以，請務必定期帶狗狗做尿液和糞便檢查吧！

犬隻和人類的年齡換算

犬隻	人類
1個月	1歲
2個月	3歲
3個月	5歲
6個月	9歲
9個月	13歲
1年	17歲
1年半	20歲
2年	23歲
3年	28歲
4年	32歲
5年	36歲
6年	40歲
7年	44歲
8年	48歲
9年	52歲
10年	56歲
11年	60歲
12年	64歲
13年	68歲
14年	72歲
15年	76歲
16年	80歲
17年	84歲
18年	88歲
19年	92歲
20年	96歲

※僅為大致標準。

好好記住愛犬健康時的狀態

平常，就要仔細觀察愛犬的樣子，這也關係到疾病的早期發現。而能夠觀察到愛犬細微變化的，就只有在牠身邊的飼主了。

如果可以詳知愛犬健康時的狀態，當有任何變化發生，才能夠很快察覺。首先，是詳細檢查全身，包含體形在內，還有眼睛、鼻子、耳朵、口中等。除了觀察整個身體，還要觸摸，確認皮膚和被毛的狀態、看看有沒有什麼地方長出腫塊等。而且，有些問題是摸摸看就能發現。

還有，狗狗到了5～6歲，準備一個聽診器會比較方便。像玩具一樣的便宜聽診器，就可以非常清楚地聽到狗狗心臟的聲音。這時，不妨先記起來，方便定期調查。

主要檢查這些部位

平常，兼做肌膚接觸地邊觸摸愛犬的身體邊做確認吧！只要懷疑有點異常，就盡快帶往動物醫院。

眼睛

確認是否有光輝？顏色有沒有變化？眼屎和淚水是否比平常多？

耳朵

耳垢的顏色和量、氣味是否和平常不同？確認耳朵內側皮膚的顏色。

嘴巴

是否有口臭？口水是否比平常多？確認舌頭和牙齦的顏色。

臀部周圍

仔細觀察臀部周圍是否紅腫？未去勢的公犬，比較左右睪丸的大小，確認是否不同。

鼻子

健康的鼻子會適度溼潤，如果顯得乾燥或是流鼻水，就必須注意。

腳

觀察走路方式也很重要。還有，確認腳趾間是否有變紅。

腹部

稍微出力按壓看看，是否有觸摸到什麼東西？平常都可以觸摸，卻突然變得討厭時，就必須注意。

預防傳染性疾病

注意疫苗接種之類必須的預防

守護犬隻遠離傳染病的疫苗接種很重要

犬隻的疾病中，有各種難以預防和治療的疾病。不過，有幾種傳染性疾病，還是可以預先進行疫苗接種來預防。傳染性的疾病中有不少都攸關生命，所以能夠預防，最好就先做了。

法律上，規定有接種義務的狂犬病預防接種，還有數種傳染病以混合疫苗進行的接種，都必須要施打。

如果沒有這些接種證明書，有些狗狗運動場或是寵物旅館可能會拒絕狗狗前往。而且，就算是散步，只要有和其他犬隻接觸的機會，就必須要先完成接種。

混合疫苗的種類五花八門，請根據居住地區發病案例多的疾病、生活環境和行動範圍等，和獸醫師諮商後，再決定接種種類吧！

不要忘了做好心絲蟲預防

心絲蟲是以蚊子作為媒介，寄生在犬隻的肺動脈和心臟的蟲，不只最後會引起動脈硬化，造成心臟的負擔，也會影響腎臟、肝臟和肺臟等。

初期的症狀並不明顯，不過不久後就會出現咳嗽，變得容易疲倦，漸漸消瘦。

心絲蟲是可以使用預防藥物預防的，蚊子的發生時期也依地區而異，所以給與預防藥物的期間，最好遵從動物醫院獸醫師的指示。

萬一遭到心絲蟲寄生，也能夠使用藥物驅除，不過已經受損的部分，一生都無法治癒。所以，最重要的還是確實做好預防。

關於跳蚤、蟎蟲的預防和腸內寄生蟲

跳蚤和蟎蟲的預防也很重要。跳蚤一旦寄生，除了搔癢和發炎之外，也可能引起跳蚤過敏性皮膚炎。至於蟎蟲，如果人受到叮咬，會引起攸關生命的SFTS（發熱伴血小板減少綜合症），犬隻則會引起包含焦蟲症在內的各種疾病。預防藥物有許多種類，可以到動物醫院諮詢看看。

此外，關於腸內寄生蟲，也要定期性地檢查糞便。腸內寄生蟲的種類很多，哪種寄生蟲比較多也依地區而異。其中也不乏會感染給人的，所以家人中如果有小孩子或老年人，也必須注意。

關於腸內寄生蟲，隨便使用驅蟲藥會引起耐受性或副作用的問題，請一定要使用配合糞便檢查結果的驅蟲藥。

疫苗可以預防的主要疾病

<table>
<tr><th>病 名</th><th>特 徵</th><th>關於接種</th></tr>
<tr><td>狂犬病</td><td>因為感染到狂犬病毒而發病。若是被發病的犬隻咬到，不只是犬隻，人也會受到感染，發病時的致死率幾乎是100%。</td><td>根據狂犬病預防法，開始飼養出生91日以上的犬隻，有義務在30天以內進行預防接種，之後每年接種1次。</td></tr>
<tr><td>犬瘟熱</td><td>和發病的犬隻接觸，或是由糞便、鼻水、唾液傳染。主要症狀有發燒、流鼻水、咳嗽、嘔吐、痙攣等。幼犬和老犬等抵抗力弱的犬隻，感染率、死亡率都很高。</td><td rowspan="6">預防這些傳染性疾病的混合疫苗，在出生 2個月時第 1次接種，接著是出生 3個月時、出生 4個月時接種，之後就是 1年接種 1次。</td></tr>
<tr><td>犬小病毒腸炎</td><td>除了和已發病的犬隻接觸外，飼主受到汙染的衣服、鞋子、手、地板、鋪墊等也都會傳染。會引起激烈的下痢和嘔吐，變得衰弱。傳染力和致死率都非常高。</td></tr>
<tr><td>犬冠狀病毒腸炎</td><td>由已發病犬隻的糞便和嘔吐物等傳染。食欲不振、下痢、嘔吐等為主要症狀，不過輕微時也可能沒有症狀。如果引起和細菌或腸內寄生蟲的合併症，也可能致命。</td></tr>
<tr><td>犬副流行性感冒</td><td>由已發病犬隻的咳嗽、噴嚏、鼻水等飛沫物傳染。主要症狀有發燒、鼻水、咳嗽等。如果和細菌或其他病毒混合感染，症狀可能會惡化。</td></tr>
<tr><td>犬腺病毒1、2型感染症</td><td>由已發病犬隻的咳嗽或噴嚏、鼻水等飛沫物傳染。依照抗原的類型，1型主要是造成肝臟發炎的傳染性肝炎。2型則是引起肺炎等呼吸系統的疾病。未滿 1歲的幼犬可能會致命。</td></tr>
<tr><td>犬鉤端螺旋體症</td><td>老鼠等野生動物為傳染源，不只是犬隻，人也會感染。鉤端螺旋體菌有數種種類，主要症狀是高燒、黃疸等，也可能沒有症狀。</td></tr>
</table>

萬一時的緊急處理

在愛犬的緊急時刻，迅速且慎重的處理很重要

聯絡動物醫院，接受適當的指示

世事無常，我們無法預知愛犬會發生怎樣的事，例如：因為意外受傷，導致嚴重出血或是骨折之類。所以最好預先知道像這樣的意外時刻，應該如何處理才好。

不管哪種情況，一定是先打電話給動物醫院，聽從獸醫師的指示，知道現場你可以做哪些事。而且先打電話，也可以請醫院方先做好幫狗狗治療的準備，讓愛犬到達醫院時可以馬上獲得迅速的處置，這點十分重要。

愛犬發生緊急狀況時，不要慌張，盡可能鎮定的處理吧！

外傷造成的出血

受傷出血時，重要的是先將出血抑制到最小限度。可以以下面的方法抑制出血後，即刻帶往動物醫院，不要在家中消毒。

輕微出血的程度：可用手指按壓傷口，並以指甲變白的程度出力，大概按壓約5～10分鐘之後，出血可能就會止住。

出血嚴重時：用手帕或毛巾綁住傷口上方的部分。記住，如果綁得太緊，綁住處以下的部分可能會壞死，必須注意。

此外，包覆食品的保鮮膜也可以活用在緊急處置上。先用保鮮膜將傷口包起來，保持溼度，這樣細胞壞死的可能性會降低。除了保鮮膜之外，也可以用膠帶等有黏性的帶狀物纏捲傷口。

骨折

假如從高處落下時，明顯看出腳步蹣跚，已經骨折時，要特別注意，不可碰觸患部。

因為有些骨折處會產生激烈疼痛，冒冒失失地碰觸，就連平日溫順的愛犬也可能在疼痛之餘咬人。

這時，應該趕快用毛毯或浴巾包住愛犬的身體，在不碰觸到患部，盡量避免狗狗亂動的狀態下，將愛犬帶往動物醫院。

中暑

在高溫多溼的時期或環境下，必須特別注意中暑。

如果身體發熱，可以澆水讓全身冷卻下來。若是在家中，可以將狗狗的身體浸泡在裝滿水的浴缸中降溫。

還有，平日散步的時候，就攜帶著冷水。如果是在無法澆水的場所，可以使用冰涼的毛巾或裝入冰涼液體的寶特瓶，放在腿根部或頸部周圍降溫。

燒燙傷

狗狗被火爐或熱水等燙傷時，趕快對著牠的患部淋水降溫，然後用浸溼的毛巾包裹身體，帶往動物醫院。注意：如果直接用乾毛巾包裹身體，會將熱氣悶在裡面。

發生火災時，就算沒有直接接觸到火焰，外觀上也沒有燒燙傷的症狀，身體內側還是可能吸收到遠紅外線的熱。3天～1個星期後皮膚或許剝落，所以一定要到動物醫院就診。

觸電

啃咬電線造成觸電時，要先安全地拔掉插頭，以免發生二次災害。

觸電可怕的是，大多會引起肺水腫，如果呼吸變得急促，可能數個鐘頭就會喪命，請務必立刻帶狗狗前往動物醫院。

依電力的強度和觸電時間的長短，可能直接引起休克死亡，所以平日就該做好避免狗狗啃咬電線的對策。

誤食

人的食物中，有多種犬隻吃了會引起中毒的東西。此外，除了食物，狗狗也可能吃進異物。

遇到誤食時，處理的方法依吃進去的東西而異。聯絡動物醫院的時候，重要的是能夠清楚傳達「吃了怎樣的東西、什麼時候吃的、吃了多少的量？」這些事項。

還有，喉嚨卡到什麼東西，顯得痛苦、似乎已經失去意識的緊急情況時，不得已的處置是將狗狗倒懸，拍打牠背部，或許卡住的東西會掉出來。

和排尿相關的變化

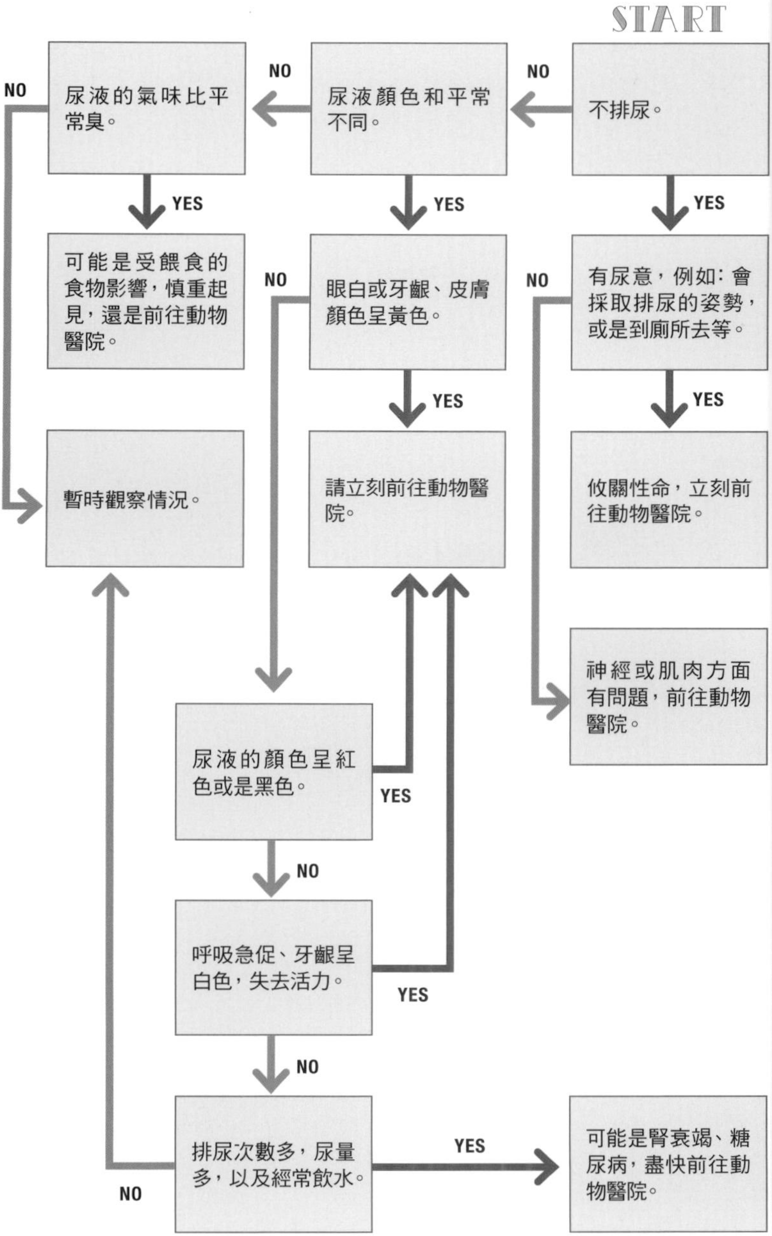

START

不排尿。
- YES → 有尿意，例如：會採取排尿的姿勢，或是到廁所去等。
  - YES → 攸關性命，立刻前往動物醫院。
  - NO → 神經或肌肉方面有問題，前往動物醫院。
- NO → 尿液顏色和平常不同。
  - YES → 眼白或牙齦、皮膚顏色呈黃色。
    - YES → 請立刻前往動物醫院。
    - NO → 尿液的顏色呈紅色或是黑色。
      - YES → 請立刻前往動物醫院。
      - NO → 呼吸急促、牙齦呈白色，失去活力。
        - YES → 請立刻前往動物醫院。
        - NO → 排尿次數多，尿量多，以及經常飲水。
          - YES → 可能是腎衰竭、糖尿病，盡快前往動物醫院。
          - NO → 暫時觀察情況。
  - NO → 尿液的氣味比平常臭。
    - YES → 可能是受餵食的食物影響，慎重起見，還是前往動物醫院。
    - NO → 暫時觀察情況。

沒有食欲

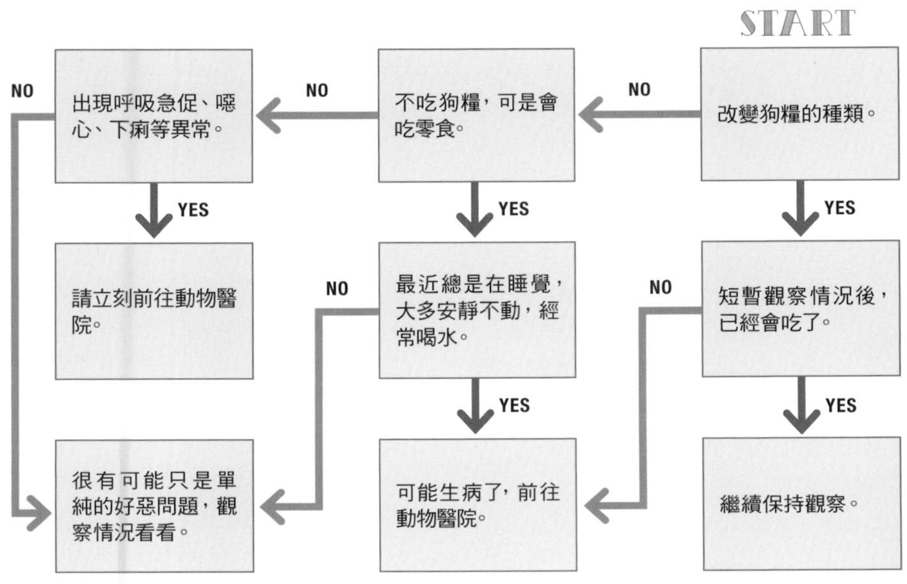
START
改變狗糧的種類。
NO
YES
不吃狗糧，可是會吃零食。
NO
YES
出現呼吸急促、噁心、下痢等異常。
NO
YES
請立刻前往動物醫院。
短暫觀察情況後，已經會吃了。
NO
YES
繼續保持觀察。
最近總是在睡覺，大多安靜不動，經常喝水。
NO
YES
可能生病了，前往動物醫院。
很有可能只是單純的好惡問題，觀察情況看看。

不排便

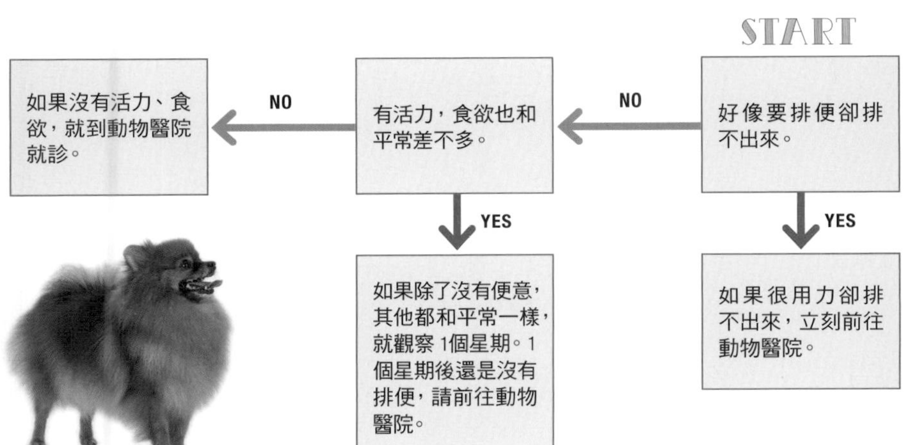
START
好像要排便卻排不出來。
NO
YES
如果很用力卻排不出來，立刻前往動物醫院。
有活力，食欲也和平常差不多。
NO
YES
如果除了沒有便意，其他都和平常一樣，就觀察 1個星期。1個星期後還是沒有排便，請前往動物醫院。
如果沒有活力、食欲，就到動物醫院就診。

必須注意的主要疾病

出現在博美犬身上的疾病也有許多種

犬隻的疾病也是形形色色，這裡介紹幼犬到7歲左右的博美犬應該注意的主要疾病。（7歲以後的疾病已於第98頁介紹）

眼睛的疾病

◆淚溢

眼淚是從位在眼頭上方和瞬膜的淚腺排出，通過連接眼睛和鼻子的鼻淚管，來到鼻腔內。

一旦鼻淚管因為某種原因塞住或是變細，就會使淚水無法順利流到鼻腔內而滿溢出來。溢出的淚水會造成眼周的被毛變色成褐色，這就是淚溢，也稱為「淚痕」。

原因可能是先天性的鼻淚管構造或眼瞼肌肉有問題，也可能是其他的眼睛疾病導致淚水增加。如果覺得愛犬淚水量增多，最好盡快帶到動物醫院接受診斷。

◆全面漸進性視網膜萎縮症

這是視網膜萎縮，導致視覺障礙，最後完全喪失視覺的遺傳性疾病。

初期的症狀是在暗處或夜間散步，變得不易視物，隨著疾病的進展，即使在明亮處，也變成完全看不見。

目前雖然缺少有效的治療方法，不過一般認為營養補充品可以延緩疾病的進展速度。大多在2～3歲時開始發病，最好從那個時候開始，就帶狗狗到動物醫院接受檢查。

口部・氣管的疾病

◆氣管發育不全

氣管是空氣通過的管子。狗狗先天性的氣管粗度，只有原本應有粗度的一半或三分之一，就是氣管發育不全。主要的症狀有：發出「嘎——嘎——」的呼吸聲、咳嗽，嚴重時會引起呼吸困難。一旦肥胖就很容易惡化，所以一定要避免肥胖。

◆乳牙殘留

乳牙通常在出生4月左右開始脫落，但也可能不脫落，仍然殘留著。

一般認為，這種情況常見於博美犬，實際原因並不清楚。如果不加理會，乳牙和恆齒之間就會堆積牙垢和牙結石，引起牙周病。治療上必須將殘留的乳牙拔掉。

◆缺牙

犬隻的恆齒通常有42顆，如果原本應該生長的卻沒有生長出來的狀態，就稱為缺牙。一般認為大多是遺傳性的。

◆牙周病

包含牙齦在內，牙齒周圍發炎的疾病。原因是牙齒表面和稱為牙齦囊袋的牙齒與牙齦間，堆積的牙垢和牙結石所造成。食物殘渣放著不清理，就會形成牙垢，最後變成牙結石。

主要症狀有牙齦腫脹出血，或是口臭強烈，隨著發炎的進行，會導致牙齦萎縮、牙槽骨溶解。還有，牙周病菌也可能成為引起心內膜炎或腎臟病等其他疾病的原因。不過，養成刷牙的習慣是可以預防的。

腦部的疾病

◆水腦症

腦脊髓液的代謝異常，壓迫到腦部，而出現各種症狀的疾病。一般認為，大多是先天性的。症狀依腦部受壓迫的程度而異。輕微的可能沒有症狀；中度到重度會出現腳步不穩、眼睛無法對焦、經常顫抖等。只要覺得愛犬有點異常，就要注意盡早帶牠就診。

◆癲癇

引起痙攣發作的代表性疾病。特徵是：雖然是因為腦部障礙引起的，但是腦部構造上卻檢查不出異常。

發作的表現方式形形色色，頻率也有個體差異——有每天發作的、一個月1次的、一年1次的，所以有時很難察覺。雖然是無法治癒的疾病，但是可以藉由抗癲癇藥物控制，不需要過度擔心。

皮膚的疾病

◆X脫毛症（毛週期停止）

和季節無關，全身出現脫毛的疾病。發生的年齡很廣，從出生後11個月～11歲都有可能，尤其常發生在1歲～4歲時。詳細原因並不清楚，卻是博美犬常見的疾病。

初期是部分性的被毛變得稀薄，毛和毛之間逐漸形成空隙。不久，除了頭和尾巴末端、四肢末端，全都脫毛。症狀上只有脫毛，不會搔癢。也有些狗狗做了「夏日剪毛」後，被毛不再長回來的案例，剪毛時必須特別注意。

骨骼・關節方面的疾病

◆橈骨・尺骨的骨折

小型犬的博美犬，骨骼纖細，即使小小的撞擊，都很容易骨折。其中最常發生骨折的，是位略高於腳踝的橈骨和尺骨。兩者差不多都只有牙籤粗細，所以須特別注意和小心預防，避免讓狗狗爬到高處或是懷抱時掉落等等。

◆膝蓋骨脫臼

膝蓋骨位移的疾病。常見的情況，是因為先天性膝關節周圍的肌肉或骨骼、韌帶發育異常所造成的。不過，在容易打滑的地板行走，或是從高處跳下時也會發生。如果發現狗狗抬高後腳，走路方式和平常不同，請盡早帶牠就醫。

◆股骨缺血性壞死

也稱為大腿骨壞死症的疾病。大腿骨的骨頭本來是收在骨盤的凹槽處，由於大腿骨頭的血液循環變差，造成大腿骨頭壞死、變形，致使腳一動就會出現強烈疼痛。屬於先天性疾病，發病多在1歲前。狀態惡劣時必須進行手術。

循環系統的疾病

◆心臟畸形

天生心臟構造有異常的心臟畸形也須特別注意。其中之一，是開放性動脈導管症（ＰＤＡ）。動脈導管只有在母犬腹中的時期是必須的，為連接大動脈和肺動脈的血管。正常來說，它會在狗狗出生後2～3天就關閉，可是若是一直處在打開的狀態，便會成為血液無法正常流動的疾病。心臟畸形，會出現成長期體重不容易增加、呼吸障礙等症狀。早期手術是可能治癒ＰＤＡ的。

注意幼犬的低血糖症

幼犬帶回家後，1個星期以內最容易發生的是低血糖症。幼犬很容易受到環境變化帶來的壓力，而壓力有時會成為血糖值急遽降低的原因。主要症狀有：變得沒有活力、走路搖搖晃晃的、突然就發生痙攣。

博美犬是容易發生低血糖症的犬種，所以帶回家後，必須仔細觀察幼犬的情況。

投與葡萄糖可以治癒，不需太過慌張，不過必須多注意幼犬狀況，有問題就帶去動物醫院吧！

◆肝門靜脈系統分流

稱為肝門靜脈的血管有先天性異常的疾病。肝門靜脈的作用是將從胃、小腸、大腸、脾臟、胰臟等收集到的血液送往肝臟。由肝臟將已經解毒的血液送到心臟。肝門靜脈如果有異常，就無法將血液送到肝臟，而會直接送往心臟。當沒有解毒的血液被送到全身，體內會因此累積毒素，引起各種症狀。主要的有：痙攣等神經症狀、食欲不振、嘔心、下痢、發育不良等。嚴重時還攸關生命。大多在成長期間施行手術。

神經系統的疾病

◆寰樞椎間半脫臼

這是頸部的寰椎（第一頸椎）和樞椎（第二頸椎）的關節構造變得鬆弛，壓迫到脊髓神經，而出現各種症狀的疾病。

原因有先天性和外傷性，大多是1歲前發生的先天性疾病。狗狗被抱起時，牠的頸部一動到，就會產生疼痛，進而唉唉叫或是走路方式怪異。嚴重甚至會引起全身麻痺，所以重症時必須做手術。

泌尿・生殖系統的疾病

◆隱睪症

雄犬的睪丸本來在出生後半年左右就會降到陰囊。隱睪症是單側或雙側睪丸停留在腹腔內或鼠蹊部的疾病。一般認為，原因是遺傳性或賀爾蒙的問題。如果置之不理，容易腫瘤化和延遲腫瘤的發現，必須年輕時就進行睪丸的摘除手術。

◆膀胱炎

從尿道或血管侵入的細菌感染、結石或是腫瘤導致膀胱發炎的疾病。

原本積存尿液的膀胱，因為機能降低，導致小便的次數增加。除此之外，還有尿液顏色變深、氣味變得強烈等。如果愛犬尿液出現變化，就必須注意，盡早帶去就醫。

◆膀胱結石

無法排尿，或是尿液量少、排出血尿、臭味變得強烈時，就有可能是膀胱結石。

結石放著不管，可能引起尿道阻塞，也攸關性命，嚴重時必須動手術。不過，此疾病也可藉由飲食或藥物療法改善。

國家圖書館出版品預行編目資料

博美犬的快樂飼養法 / 愛犬之友編輯部編著；
彭春美譯. -- 初版. -- 新北市：漢欣文化, 2020.09
144面；21x15公分. -- (動物星球；16)
ISBN 978-957-686-794-1(平裝)

1. 犬 2.寵物飼養

437.354 109007208

 定價380元

動物星球 16

博美犬的快樂飼養法

編 著 / 愛犬之友編輯部
譯 者 / 彭春美
出 版 者 / 漢欣文化事業有限公司
地 址 / 新北市板橋區板新路206號3樓
電 話 / 02-8953-9611
傳 真 / 02-8952-4084
郵撥帳號 / 05837599 漢欣文化事業有限公司
電子郵件 / hsbookse@gmail.com
初版一刷 / 2020年9月